# EDWARD KWON

in the kitchen

# EDWARD KWON

## in the kitchen

북하우스

『Edward Kwon in the Kitchen』. 두 번째 요리책이 세상에 선을 보인다. 이 책을 내기까지 많은 시련과 고통의 시간이 있었다. 세계최고 7성급 호텔의 수석총괄주방장이라는 앞치마를 내려놓고 2년 반만에 돌아온 고국에서의 새로운 출발은 결코 녹록치 않았다. 외양보다는 합리적인 내용과 차별화된 서비스로 경쟁력을 갖추려는, 그래서 요리사에 대한 고정관념을 바꾸고 우리나라 외식산업을 한 단계 업그레이드 시키고픈 나의 새로운 시도는 시작도 하기 전에 벽에 부딪혔다. 어떤 사람들은 맹목적인 과찬으로, 어떤 사람들은 시기와 질투의 시선으로, 어떤 사람들은 돈을 벌어줄 사업의 파트너로만 나를 보았다. 이 책은 그러한 시선과 오해에 대한 셰프 에드워드 권의 대답이다.

내 이름을 내건 레스토랑이 하나 둘 생기면서 레스토랑을 성공적으로 런칭하는 비결에 대해 묻는 분들이 많았다. '에드워드 권'이 이미 하나의 브랜드가 되어서 가만히 있어도 저절로 홍보가 되는 것 아니냐는 이야기도 들었다. 방송활동을 하는 것이 레스토랑 성공에 도움이 되는 것 아니냐는 이야기도 들었다. 하지만 나는 고객들이 단순히 이름값으로 레스토랑을 찾는다고 생각하지 않는다. 내가 오픈하는 레스토랑이 한국 외식시장에 콘셉트가 있는 레스토랑으로, 색깔이 있는 레스토랑으로 선보이기를 꿈꾸고 있다. 그리고 그 꿈이 조금씩 실현되고 있음을 감사히 생각할 뿐이다.

레스토랑은 미각과 시각, 촉각과 청각이 가장 예민하게 반응하는 공간이다. 따라서 나는 레스토랑마다 각각의 메인 컬러를 정하기로 했다. 강렬한 오렌지색을 주조로 한 〈에디스 카페(Eddy's Cafe)〉, 블랙과 화이트를 주로 하는 〈랩 24(LAB XXIV)〉, 그리고 신규 오픈할 예정이자 퍼플을 메인으로 내세울 〈에디스 비(Eddy's B)〉까지, 메인 컬러를 통해 레스토랑의 이미지와 콘셉트를 명확히 하려고 했다. 또한 스토리텔링이 가능한 레스토랑을 만들고 싶었다. 〈LAB XXIV〉는 24시간 요리를 연구하고 공부하겠다는 내 생각이 오롯이 담긴 이름이었다. 이름에 담긴 이야기를 들려주는 것, 이제 레스토랑에도 스토리가 있어야 한다.

나는 내가 생각한 콘셉트를 바탕으로 전문가의 조언을 통해 시장의 흐름을 꾸준히 읽어내고자 한다. 레스토랑 오너가 손맛만을 연구하는 시대는 지나갔다. 시장을 읽고 흐름을 앞서가는 전략이 필요하다. 굿 셰프는 이미 우리나라에 많다. 내가 생각하는 이상적인 셰프는 끊임없이 연구하는 탐구자이자, 창의적 예술가이며, 노련한 전략가이고, 시장을 읽고 앞서 나가는 진취적인 경영자이다. 이를 위해 홍보전문가나 시장분석가들의 조언을 듣고 나만의 방식을 만들어나가고 있다.

오늘도 나는 작은 주방에서 식재료를 상대로, 고객을 상대로, 총칼 없는 전쟁을 치른다. 이 책은 그런 내 요리를 함께 나누고자 하는 바람에서 시작되었다. 이전 책인 『에드워드 권 에디스 카페』가 레스토랑에서 제공되는 메뉴만을 다뤘다면, 이 책은 내가 레스토랑을 통해 선보였던 메뉴와 더불어 레스토랑을 경영하고자 하는 사람들에게 또한 요리를 배우는 이들에게 선보이고픈 요리들을 추가했다.

이 책의 구성은 'Basic, Bakery, Cold, Hot, Sweet'로 되어 있다. 분류방식이 이전의 요리책과 다른 방식을 택한 것은 나름의 이유가 있었다. 이제 서양음식을 '애피타이저-메인-디저트'로만 분류하는 시대는 지났다. 이미 세계시장에서는 셰프만의 시각이 메뉴와 코스에까지 반영되어 있고, 이를 통해 셰프의 능력을 인정하는 추세다. 오랫동안 바뀌지 않았던 서양요리에 대한 분류법과 고정관념이 이 책을 계기로 새롭게 인식되었으면 한다.

미약하나마 내 지식을 많은 분들과 나눌 수 있음이 더없이 행복하다. 책이 만들어지기까지 도움주신 수많은 동료요리사들과 출판사 관계자분들 그리고 내가 힘들고 지칠 때 응원해주신 나의 스승 솔로몬 사비에르(Salomon Xavier)와 이 땅의 요리사분들께 이 책을 올린다.

# contents



# basic



# bakery

# cold

GREEN VITAMIN, FRISEE, EDIBLE FLOWER, CRESSONS, SOFT BOILED QUAIL EGGS, PANCETTA, CREAMY TRUFFLE
그린비타민, 치커리, 식용 꽃, 물냉이, 반숙으로 익힌 메추리알, 판체타 햄 그리고 송로버섯 크림 • 54

PICKLED WATERMELON, ORANGE, TOASTED ALMOND, MESCLUN, HOUSEMADE RICOTTA BEIGNET, CURLY CROUTONS, TOASTED CARDAMOMS
절인 수박, 오렌지, 구운 아몬드, 어린 허브 샐러드, 바삭하게 만든 수제 리코타 치즈, 컬리 크루통 그리고 카다몸 • 58

WHITE PEACHES, FIGS, PROCUITTO, ARUGULA, ORANGE VANILLA DRESSING, MASCAPONE MOUSSE
백도, 무화과, 프로슈토 햄, 아루굴라 그리고 오렌지 바닐라 드레싱, 마스카포네 무스 • 62

TOMATOES, MINIATURE BASIL, 25YRS BALSAMIC REDUCTION, HERB TUILE, BASIL JELLY
토마토, 어린 바질, 25년산 발사믹, 허브 향 튜일 그리고 바질 젤리 • 66

SUGAR CURED NORWEGIAN SALMON, MASCAPONE MOUSSE, BABY MESCLUN, CITRUS CAVIAR
설탕에 절인 노르웨이산 연어와 마스카포네 무스, 어린 허브, 시트러스 캐비어 • 68

"CAPRESE" TOMATO, PARMESAN PUFF, BASIL & OLIVE PUREE, BALSAMIC REDUCTION, GARLIC TUILE
카프레제 샐러드 • 72

CARPACCIO OF BEEF, TRUFFLE MAYONNAISE, ROCKET, CROUTONS, PARMESAN
소고기 카르파초와 송로버섯 마요네즈 로켓 샐러드 • 76

ASSORTED CHEESE SELECTION, BABY HERB SALAD, MASCAPONE MOUSSE
어린 허브순 샐러드가 어우러진 치즈 셀렉션과 마스카포네 무스 • 80

# hot


버터에 부드럽게 익힌 오징어와 옥수수 벨루테 • 84

Peas & Ham Hock Veloute, Lentil du Puy
완두콩 벨루테와 돼지 정강이 햄, 렌즈콩 • 86

Sweet Corn Veloute, Calamari Sausage, Smoked Salt
옥수수 벨루테와 오징어 소시지, 구운 소금 • 88

Porcini Veloute, Aubergine Caviar, Tomato, Roasted Pine Nut, Chervil Oil
송이버섯 벨루테, 가지 캐비어, 구운 잣 그리고 처빌 오일 • 90

Dungeness Crab and Yabby Ravioli, Lime Infused Midori Dressing, Cucumber, Grapefruit, Cayenne
게와 가재로 만든 라비올리, 라임 향 그윽한 미도리 드레싱, 자몽 그리고 카옌페퍼 • 94

Pan Seared Bay Scallop, Caulifower Velvet, Wilted Granny Smith, EV Olive Oil, Poached Cherry Tomato, Spiced Coriander
팬에 구운 관잣살과 콜리플라워 벨벳, 살짝 익힌 사과, 최상급 올리브오일에 익힌 체리 토마토 그리고 코리앤더 • 96

Pan fried Foie Gras, Toasted Brioche, Strawberry Reduction, Chillean Grape Jelly, Lemon Oil Powder, Lemon Verbena
팬에 구운 푸아그라와 구운 브리오슈, 졸인 딸기, 칠레산 포도 젤리, 레몬 향 파우더 그리고 레몬 버베나 허브 • 98

Foie Gras, Poussin, Pork Belly Ballotine, Candied Kumquats, Miniature Mesclun, Cornichon, Cucumber Salad
푸아그라, 닭고기, 삼겹살로 만 발로틴, 설탕 절임 금귤, 어린순 샐러드, 절인 오이 그리고 샐러드 • 100

Pan Seared Salmon, Crushed Idaho Potato, Butter Poached Crayfish, Green Peas, Vine Tomato Coulis
팬에 구운 연어와 아이다호 감자, 버터에 익힌 가재, 완두콩 그리고 덩굴 토마토 쿨리 • 102

Sous Vide Cooked Young Chicken, Leg Confit, Kabocha Squash Puree, Braised Lentil du Puy, Chicken Truffle Jus
진공포장으로 익힌 영계 요리와 다릿살 콩피, 부드러운 렌즈콩과 치킨 송로버섯 주스 • 104

Botanical Spiced Duck, Leg Confit, Butter Braised Garlic, Pearl Onion, La Ratte, Duck Liver, Au Jus
보태니컬 스파이스와 어우러진 오리다릿살 콩피, 버터에 익힌 마늘, 오리 간과 내추럴 주스 • 108

Pan Seared Halibut, Scallop Sausage, Caramelized Endive, Vanilla Scented White Bisque Foam, Lemon Balm, Bacon Powder
팬에 구운 광어와 관자 소시지, 캐러멜 엔다이브, 바닐라 향의 화이트 비스크 폼과 레몬 밤 • 110

Port Wine Braised Beef Short Rib, Potato Gnocchi, Green Peas, Spring Onion, Caramelized Onion, Chervil, Baby Basil
포트와인에 브레이징한 소갈빗살과 감자 뇨키, 완두콩, 실파, 미니 바질 • 112

THYME CRUSTED ALASKAN SALMON, SHREDDED NAPA CABBAGE, LARDON, GREEN PEAS PUREE, PUFFED MUSTARD SEEDS, CHICKEN APPLE JUS
타임 향 그윽한 알래스카산 연어와 라돈, 완두콩 퓌레, 치킨 사과주스 • 114

SLOWLY COOKED WAGYU RIB, POTATO GNOCCHI, PUFFED RICE, PEARL ONION, CHERVILS, BABY MESCLUN
부드럽게 조리한 와규 갈빗살과 감자 뇨키, 튀긴 라이스, 실파, 미니 양파 • 116

PAN SEARED SONOMA DUCK BREAST, SHERRY GLAZED PEACH & GINGER COMPOTE, ARUGULA, ORANGE MUSTARD JUS
팬에 구운 오리가슴살과 셰리 식초로 윤기를 낸 복숭아와 생강 콩포트, 오렌지 겨자 주스 • 118

PAN FRIED SEA BREAM, CARAMELIZED ENDIVE, VIDALIA ONION COULIS, MINT ORANGE PESTO
팬에 구운 도미와 캐러멜라이즈한 엔다이브, 비달리아 양파 쿨리와 민트 오렌지 페스토 • 122

LAMB LOIN, SPICED COUSCOUS, TOMATO & ZUCCHINI SUCCOTASH, MINT JUS
양고기, 스파이스를 곁들인 쿠스쿠스 토마토와 애호박 스코타시, 민트 주스 • 124

TERRINE OF CONFIT DUCK AND FOIE GRAS, TOASTED BRIOCHE
콩피 오리와 푸아그라 테린, 토스트한 브리오슈 • 128

ROASTED SEA SCALLOP, CAULIFOWER, CAPER, RASIN, GRANNY SMITH, CURRY CREAM FOAM
팬에 구운 관자와 케이퍼, 건포도, 사과 그리고 커리 크림 폼 소스 • 132

TARTAR OF SALMON, FLYING FISH ROE, LIME CREME FRAICHE, GAUFRETTE
연어 타르타르, 날치알, 라임 크림 프레시 그리고 구운 감자 • 134

TERRINE OF CONFIT DUCK AND FOIE GRAS, PORT REDUCTION, ORANGE CAVIAR, MICROS, TOASTED BRIOCHE
콩피 오리 테린과 푸아그라, 오렌지 캐비어와 포트 리덕션 그리고 브리오슈 • 136

SLOW ROASTED CHICKEN, SWEET GARLIC PUREE, MAPLE GLAZED CARROT, AU JUS
저온에서 조리한 닭가슴살과 마늘 퓌레 그리고 메이플 향 은은한 당근 • 140

BRAISED BEEF BRISKET STUFFED TENDERLOIN ROULADE WITH POTATO GNOCCHI, BROCCOLI, TRUFFLE OIL
부드럽게 익힌 사태, 안심 콩피로 만든 룰라드, 감자 뇨키 그리고 송로버섯 오일 • 144

PAN SEARED RED SNAPPER, FENNEL SHAVING, CRAYFISH, OLIVE OIL POMME PUREE, ROAST GARLIC FOAM
팬에 구운 적도미와 가재, 올리브오일 감자 퓌레 • 148

CONFIT OF DUCK, POMME FONDANT, CRANBERRY COMPOTE, FOIE GRAS JUS
오리 콩피와 타스마니아산 크랜베리 콩포트 그리고 푸아그라 소스 • 150

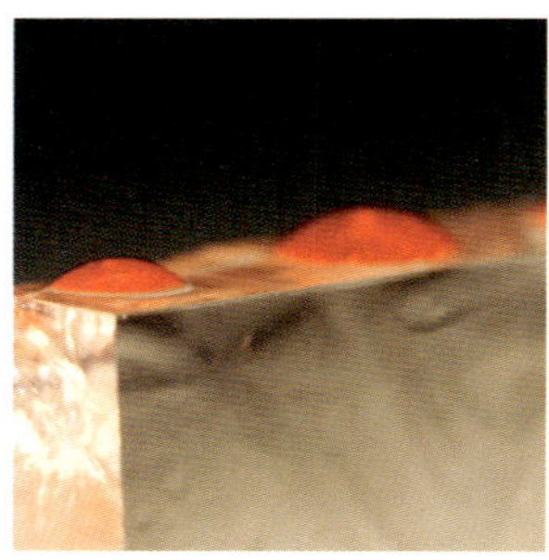




**일러두기**

● 이 책에 나오는 레시피는 4인 기준입니다. 단, 베이
직 레시피 중에서 폼과 육수 그리고 주스는 10인분
으로 책정되었습니다.

● 이 책에 쓰이는 외래어의 대부분은 국립국어원의
외래어 표기법을 따랐으나, 관용적으로 사용되는
일부 용어는 현장에서 쓰이는 표기를 따랐습니다.

# sweets

# PREPARATION

## 1. 레스토랑 준비 목록

**일반적인 체크 리스트**

콘셉트와 디자인은 정했는가
건축물 크기에 따른 좌석 수는 합당한가
주방 디자인이 주방의 동선과 맞아떨어지는가
건축물의 법적 문제에 대한 검토와 허가를 받았는가
소방 검열은 완료했는가
사업자 등록은 완료했는가
전기 용량은 체크했는가
상하수도 처리 시설은 사전에 점검해보았는가
음식물 쓰레기는 어떻게 처리할 것인가

방역업체는 선정했는가
보안 시스템은 안정적인가
화장실은 고객에게 만족스러운 공간인가
오픈 준비 진행표는 마련했는가

### 레스토랑에 대해 공부하라

레스토랑을 운영하는 사람이 디자인과 설비, 시공에 대해서 전혀 모르고 있다면 이는 어린아이가 칼을 쥐고 있는 것과 같다. 구체적으로 공부하고 견적을 비교하라. 레스토랑의 디자인도 많은 레스토랑을 다녀보고 아이디어를 정리하여 원하는 바를 디자인업체에 말하는 것이 시간과 비용을 줄이는 방법이다.

### 레스토랑의 콘셉트는 오너가 아니라 셰프와 매니저가 결정해야 한다

기존의 레스토랑을 확장하는 경우 셰프와 지배인은 오픈 전 준비기간 동안 뽑는 것이 대부분이다. 이는 기존 레스토랑을 확장하거나 분점을 내는 경우이므로 상대적으로 쉽게 진행된다.
하지만 새로운 콘셉트의 레스토랑을 오픈할 경우에는 가장 먼저 셰프와 매니저를 뽑아야 한다. 셰프와 매니저는 레스토랑의 콘셉트를 결정하는 데 가장 큰 역할을 한다. 주변 상권에 대한 충분한 시장조사와 콘셉트는 결국 음식을 알고 서비스를 제대로 볼 줄 아는 이들의 의견이 가장 중요하기 때문이다.
건물주 혹은 레스토랑 투자자가 셰프나 매니저와의 협의 없이 콘셉트나 레스토랑 전체의 분위기를 잡는 경우 종종 레스토랑 디자인과는 별개의 음식이 판매되는 경우를 볼 수 있다. 셰프와 매니저는 음식과 서비스의 전문가다. 전문가를 신뢰하고 그들의 의견에 귀를 기울이는 것이 레스토랑 운영의 첫걸음이다.

## 분야별 사전 조율을 명심하라

레스토랑 디자인 회사와 주방 디자인 회사의 공동 작업이 병행되어야 한다. 레스토랑의 콘셉트를 디자인하는 이들은 주방을 전문적으로 디자인하는 이들과 생각하는 지점이 다를 수 있다. 사전에 서로 충분히 대화하고 의견차를 조율하지 않으면 주방과 홀의 동선, 그리고 효율적인 작업 시스템을 갖추지 못한 채 운영되는 레스토랑이 될 수 있다. 이는 결국 레스토랑에서 일하는 직원들의 불편함을 야기한다. 식당에 오는 손님들은 그야말로 손님이다. 그곳에서 일하는 요리사들과 직원들이 레스토랑에 가장 오래 머무는 주인이다. 그들의 편의를 고려하지 않은 레스토랑이 손님들에게 좋은 인상을 남길 수는 없다.
마찬가지로 최종적인 레스토랑에 대한 콘셉트와 안을 결정하기 전에는 반드시 레스토랑 시공업체, 즉 전기, 상하수도, 배기에 관한 전문가도 함께 참석해서 논의해야 한다. 구현할 수 없는 콘셉트를 진행하다가 중간에 시공문제로 콘셉트를 불가피하게 수정해야 하는 경우를 미연에 방지하기 위해서이다. 뜻하지 않은 변수로 인해 공사가 지연되거나 재공사를 해야 하는 비용을 줄이고자 한다면 각 분야별 사전조율은 필수적이다.

## 업종의 특징을 생각하라

레스토랑을 오픈할 때 전기 용량을 생각해본 적이 있는가. 레스토랑은 업종의 특성상 다른 건물에 비해서 대용량의 전기를 필요로한다. 특히 서양요리에 기본을 둔 레스토랑의 경우, 오븐 등의 기기가 대용량의 전기를 요하므로 필요에 따라 전기 증설을 요청할 상황이 생기기도 한다. 최악의 경우는 전기 설비실을 따로 마련해야 하는 경우도 있다. 추가 비용이 들 수 있는 부분이므로 입주 건물의 전기 용량은 반드시 체크해야 한다. 레스토랑은 상하수도 시설도 일반적인 업종의 사용량과는 다른 기준을 가져야 한다.

## 오픈 전에는 오픈 준비 진행표를, 공사 후에는 공사확인표를 반드시 작성하라

서비스와 키친 파트의 마스터 리스트가 만들어지면 오픈 준비 진행표critical path를 만들어 레스토랑의 공사 진척 사항과 공사기간construction period, 그리고 다른 준비 사항에 대한 일정을 조율해야 한다. 이를 통해 불필요한 시간 낭비를 막을 수 있고, 관리와 감독도 수월하게 할 수 있다. 또한 공사확인표snagging check list를 만들어 공사완료 후에 레스토랑과 주방, 그 외 부대시설을 다시 한번 철저하게 체크해야 한다. 이는 나중에 발생할 수도 있는 불이익에 대한 사전점검이라고 할 수 있다.

# 2. 서비스 파트

서비스 파트를 준비할 때, 우선 전체적인 목록을 만들어놓고 업데이트를 해나가야 한다. 목록을 만들지 않을 경우, 레스토랑 오픈 시기에 맞춰 필요한 부분을 마무리짓지 못하는 경우가 발생한다. 직원교육 등은 시간을 필요로 하는 일이기 때문에 오픈 한 달 전까지는 서비스 파트와 관련된 인사를 마무리하는 것이 바람직하다.
레스토랑의 규모에 따라 다르지만, 일반적인 테이블 서버는 3주 전에 교육을 시작하고 서비스 파트를 대상으로 한 메뉴 트레이닝은 3번 정도 하는 것이 좋다. 보조 서버<sup>table runner</sup>의 경우, 2주 전에는 합류하여 집중적인 트레이닝을 받도록 한다.

## 1주 전, 서비스의 시뮬레이션은 시작된다

모든 준비와 트레이닝은 오픈 3일 전에 마무리되어야 한다. 최종 3일 동안은 모든 시스템을 정비하고 마무리에 들어간다. 일반적으로 일주일가량의 예비 오픈 기간<sup>soft opening</sup>을 가진 후에 정식 오픈을 하는 것이 이상적이다. 필요에 따라 2주까지 예비 오픈 기간을 갖는 경우도 있지만, 기간이 길면 그에 따른 비용도 발생한다는 것을 유념해야 한다.
일반적인 시뮬레이션 기간에는 전체 좌석이 찼을 경우와 여유 좌석이 있는 경우를 분리하여 좌석수에 변화를 준다. 이를 통해 주방 및 서비스팀의 피로도를 가중시키지 않는 것이 필요하며 레스토랑의 성격에 따라 서비스팀이 리듬을 익힐 수 있도록 한다.

### 서비스 파트 기본 체크 리스트

**기물 파트**
서비스 기물 목록 준비 및 업체 선정
그릇 선정 및 디자인 작업과 샘플, 견적 작업
메뉴 제작 및 메뉴 디자인
고객 주차 동선 및 대중교통 이용시 약도 제작
레스토랑 명함 제작
유니폼 디자인 및 샘플, 가격, 업체 선정
핸드백 거치대 제작
테이블 냅킨과 냅킨 홀더 제작
주문표 제작과 주방 주문 시스템 구축
예약석 표시판 제작
의복 보관 티켓 제작
발레<sup>valet</sup> 티켓 제작
화장실 비품 구입
서비스 사무용품 구입 리스트 작성 및 구매
직원 라커 배치 및 휴게실 비품 구매
서비스 사무용품 목록 및 사무실 컴퓨터 견적 및 주문
사무실 및 직원용 화장실 비품 구매 목록 작성 및 주문
음향시설 및 콘셉트에 따른 음악 선정

**운영 파트**
서비스 직원 구성도 및 급여도
음료 및 주류 리스트 작성과 업체 선정
음료 및 주류 메뉴 작성 및 가격 결정
모든 서비스 매뉴얼 작성
시장조사를 통한 연평균 예상 매출 보고서 작성
투자 대비 이익 대차대조표 작성
일단위 매출 및 원가표 보고서
주단위 매출 및 원가표 보고서
월단위 매출 및 매입 보고서
고객 컴플레인 보고서
테이블 세팅에 관한 스탠다드표 작성
테이블 숫자와 좌석수에 따른 테이블 배치도 작성
예약표 작성과 예약 시스템
안내전화 서비스 문구 확정 및 제작

**교육 파트**
메뉴 교육
와인 교육
서비스 스테이션별 동선 지침서와 테이블별 서버 지침서
서비스 교육 및 고객 응대 요령 교육
전화 기본 응대 요령 및 예절 교육

# 3. 키친 파트

## 식재료 리스트

주방의 경우, 기자재와 식재료를 파악하고 준비하는 기간이 필요하므로 사전 문서 작업이 더욱 중요하다. 레스토랑 오픈에 맞추어 메뉴를 구상할 때, 시장에 따른 식재료의 가격 변수가 발생할 수 있으므로 식재료 납품 업자의 조언을 구하는 것도 중요하다.
냉동보관이 가능한 음식, 즉 육수와 일부 소스의 경우 7일 정도의 양을 보관하는 것이 이상적이다. 이를 위해 최소한의 냉동 아이템 리스트를 만들어 음식의 신선도를 유지할 수 있어야 한다.

## 3주 전, 음식 테스팅과 메뉴 노트를 완료하라

일반적으로 주방 직원의 경우 세컨드쿡 이상 까지는 오픈 한 달 전에 일을 시작하도록 하며, 그 기간 동안 위생 교육과 레스토랑에 대한 기본적인 사항을 숙지하도록 한다. 메뉴에 대한 사전 준비 기간은 오픈 3주 전부터 시작한다. 이 기간 동안 서비스팀은 3번에 걸친 메뉴 교육을 받게 되는데, 서비스팀이 원활하게 메뉴 교육을 할 수 있도록 주방팀은 메뉴에 관련된 음식 테스팅과 메뉴 노트를 준비하여 제공해야 한다.

### 키친 파트 기본 체크 리스트

**기물 파트**

조리 기물 리스트 작성 및 견적과 최종업체 선정
섹션별 기물 배치도 작성
제과제빵 기물 리스트 작성 및 견적과 최종업체 선정
그릇 디자인 최종마감과 견적
직원식당 기물표 작성, 견적 및 주문
주방 청소도구 견적 및 주문
기타 주방 사무용품 목록 선정 및 주문
위생용품 주문
조리기물 사용법 매뉴얼
주방용 소도구 물품 리스트 작성 및 구입

**운영 파트**

시장가격 조사 및 업체 선정
메뉴에 따른 원가표 작성
월 구매목록에 따른 매출 및 원가 보고서
조리 인력 구성도
조리 인력 급여도
냉장실 정리 리스트
냉동실 정리 리스트
주방 디자인 회사 선정 및 동선표 작성
섹션별 셋업 리스트 작성
섹션별 조리 인력 배치도 작성
드라이용품 배치도
제과 제빵 주방 디자인 및 견적과 최종업체 선정
방역업체 견적 및 선정
음식물 쓰레기 수거업체 견적 및 선정
조리복 디자인 선정과 견적, 주문
세탁업체 견적 및 선정

**레시피·교육 파트**

콘셉트에 따른 메뉴 디자인
스탠다드 레시피 작성
기본 베이직 레시피 작성
메뉴별 레시피 작성
시식 노트Tasting Note
서비스 메뉴 교육표 작성
조리 테크닉 기본 매뉴얼

Cured Foie Gras
Foie Gras
Corn Soup
Softshell Crab
Wellington.

basic

# Porcini Veloute

## 송이버섯 벨루테

송이버섯 300g
양파 100g
월계수잎 1개
타임 5g
닭육수 200ml
우유 200ml
송로버섯 오일 5ml
버터 50g
소금, 후추

송이버섯은 얇게 썰고 양파는 큼직하게 썰어둔다. 팬을 달군 후 버터를 두르고 양파와 약간의 소금, 후추를 넣어 약한 불로 타지 않게 볶다가 얇게 썬 송이버섯을 넣고 다시 볶아준다. 닭육수, 우유, 월계수잎, 타임을 넣은 후 끓어오르면 월계수잎을 제거한 뒤 믹서기로 갈아 고운체에 걸러 빠르게 식혀 냉장보관한다. 서브되기 바로 전에 송로버섯 오일을 뿌려 마무리한다.

## GREEN PEAS VELOUTE

**완두콩 벨루테**

**완두콩 300g**
**양파 100g**
**우유 400ml**
**시금치 20g**
**타임 5g**
**민트 5g**
**버터 50g**
**소금, 후추**

중불로 달구어진 팬에 버터를 녹인 후 큼직하게 썰어둔 양파를 넣고 볶는다. 이때 약간의 소금과 후추를 넣어 간을 한 다음 양파가 색이 나지 않을 정도가 되면 완두콩을 넣고 살짝 볶는다. 다음으로 분량의 우유와 민트, 타임, 시금치를 넣고 끓어오르면 믹서기로 갈아 고운체에 거른 다음 재빨리 식혀 냉장보관한다.

## LENTIL VELOUTE

**렌즈콩 벨루테**

**렌즈콩 200g**
**양파 100g**
**타임 5g**
**닭육수 300ml**
**우유 100ml**
**버터 50g**

달구어진 팬에 버터를 두르고 큼직하게 썬 양파를 넣은 후 소금, 후추로 간을 해서 색이 나지 않게 약한 불로 볶는다. 렌즈콩을 넣고 풋내가 없어질 때까지 다시 한번 충분히 볶아준다. 닭육수, 우유, 타임을 넣고 끓어오르면 블렌더로 갈아 고운체에 거른 후 차갑게 식혀 냉장보관한다.

# KABOCHA SQUASH PUREE

**카보차 호박 퓌레**

**카보차 호박 100g**
**양파 20g**
**우유 20ml**
**요리용 크림 25ml**
**버터 10g**
**소금, 후추**

호박은 잘게 썰고 양파는 큼직하게 썰어 둔다. 버터를 두른 팬에 양파를 넣고 소금, 후추로 간을 한 뒤 약한불로 색이 나지 않게 볶아준다. 잘게 썬 호박을 넣은 후 노릇해질 때까지 볶아준다. 서브되기 전에 다시 끓여 우유로 농도를 조절한다. 크림을 넣어 끓어오르면 블렌더로 갈아 고운체로 걸러 빠르게 식혀 냉장보관한다.

# VINE TOMATO COULIS

**덩굴 토마토 쿨리**

**덩굴 토마토 100g**
**양파 20g**
**바질 2g**
**생선육수 20ml**
**화이트와인 10ml**
**올리브오일 20ml**
**소금, 후추**

올리브오일을 두른 냄비에 양파와 소금, 후추를 넣고 뭉글해질 때까지 볶는다. 토마토는 칼집을 내고 살짝 데쳐서 껍질과 씨를 제거한 후 양파를 볶은 냄비에 넣어 신맛이 없어질 때까지 볶는다. 다시 화이트와인을 넣은 후 국물이 반이 될 때까지 약한불에 졸인다. 생선육수를 넣어 끓어오르면 바질을 넣고 블렌더로 갈아 고운체에 걸러 마무리한다. 생선요리에 육수를 사용할 경우 생선육수로, 육류 또는 가금류 요리에 사용할 경우 닭육수로 대신한다.

# STRAWBERRY COULIS

### 딸기 쿨리

냉동 딸기 50g
신선한 딸기 50g
발사믹 식초 10ml
설탕 5ml

냉동 딸기는 하루 전에 해동시켜 딸기와 주스를 분리해놓는다. 냄비에 딸기주스, 발사믹 식초, 설탕을 넣고 걸쭉한 시럽 상태가 되도록 졸여준다. 냉동 딸기와 신선한 딸기를 넣고 끓어오르면 블렌더로 갈아 고운체에 걸러 마무리한다.

# CAULIFLOWER PUREE

### 콜리플라워 퓌레

콜리플라워 100g
양파 20g
요리용 크림 50ml
버터 10g
소금, 후추

콜리플라워는 다지고 양파는 큼직하게 썬다. 버터를 두른 팬에 양파를 넣고 소금, 후추를 넣어 약한불로 색이 나지 않게 볶아준다. 다진 콜리플라워를 넣고 부드러워질 때까지 타지 않게 볶아준다. 크림을 넣고 끓어오르면 블렌더로 갈아 고운체에 거른 후 차갑게 식혀 냉장보관한다.

# BACON FOAM

**베이컨 폼**

베이컨 500g
샬롯 100g
월계수잎 2개
흰 통후추 10g
닭육수 1000ml
우유 200ml
브랜디 100ml

베이컨을 얇게 채썬다음 소스팬에 볶는다. 여기에 샬롯을 넣어 색이 나지 않게 볶고 통후추와 월계수잎을 넣어 향이 우러나게 한다. 팬에 브랜디를 넣은 다음 시럽 상태가 될 때까지 졸인 후 여기에 닭육수를 넣어 다시 반으로 졸인다. 마지막으로 우유를 넣고 끓어오르면 면보(두 겹의 천)에 걸러 마무리한다.

# VANILLA SCENTED WHITE BISQUE FOAM

바닐라 향의 화이트 비스크 폼

랍스터 껍데기 1kg
가재 껍데기 500g
샬롯 200g
월계수잎 2개
바닐라씨 2개
흰 통후추 10g
생선육수 1000ml
놀리프라 100ml
요리용 크림 200ml
버터 50g

소스팬에 버터와 샬롯을 넣고 타지 않게 볶은 후, 스파이스(월계수잎, 흰 통후추) 랍스터 껍데기와 가재 껍데기, 바닐라씨를 넣고 5분간 더 볶는다. 여기에 놀리프라(오향 맛이 나는 술 종류)를 부은 후 반 정도 졸여졌을 때, 생선육수를 붓고 다시 반으로 졸인다. 크림을 넣고 끓어오르면 면보에 걸러 마무리한다. 면보에 거르기 전 블렌더로 갈아주면 향과 맛이 더 강해진다.

# CHICKEN STOCK
## 닭육수

**닭뼈 1kg**
**양파 100g**
**당근 50g**
**셀러리 50g**
**대파 50g**
**물 10L**
**흰 통후추 2g**
**월계수잎 2g**
**타임 5g**
**각얼음 1팩**

닭뼈는 흐르는 물에 씻어 핏물과 껍질, 비계 등을 제거한다. 닭뼈와 차가운 물을 큰 냄비에 넣고 얼음을 부은 후 센불에 끓인다. 끓어오르면 불을 줄여 거품을 제거한다. 여기에 미르푸아(양파, 당근, 셀러리, 대파 흰 부분 등을 주사위 모양으로 잘게 다져서 혼합한 것)와 스파이스(월계수잎, 흰 통후추, 타임)를 넣어 1시간 정도 끓인다. 면보에 걸러준 뒤 재빨리 식혀 냉장보관한다.

# DUCK SAUCE
## 오리 소스

**오리뼈 2kg**
**양파 1개**
**토마토 1kg**
**당근 1개**
**셀러리 1개**
**마늘 3쪽**
**세이지 3개**
**통후추 6개**
**레드와인 200ml**
**닭육수 1L**
**올리브오일 30ml**

오리뼈를 소스팬에 담은 뒤 220도의 오븐에 30분간 굽는다. 당근, 양파는 적당한 크기로 자르고 마늘, 통후추, 세이지, 토마토와 같이 기름을 두른 팬에서 색이 나게 볶은 다음 구운 뼈와 섞어 다시 오븐에 넣는다. 20분 정도 구워 꺼낸 소스팬에 레드와인을 부어 디글레이징을 한다. 여기에 닭육수를 붓고 반으로 졸여질 때까지 은근한 불에서 끓인다. 수시로 생기는 거품은 제거한다. 소스의 양이 반으로 줄면 면보를 이용하여 소스만 거른다.

# Chicken Truffle Jus

**치킨 트러플 주스**

닭날개 1kg
미르푸아 200g
로즈마리 10g
타임 10g
월계수잎 2개
코리앤더 씨 10g
팔각 5g
깐 마늘 3쪽
흰 통후추 5g
소고기 육즙 500ml
닭육수 500ml
레드와인 100ml
콩 식용유 50ml
송로버섯 오일 10ml

소스팬을 뜨겁게 달구고 닭날개를 골든 브라운 색으로 구워 따로 준비한다. 달군 팬에 기름을 두르고 마늘은 반으로 잘라 색이 날 때까지 굽고 미르푸아(당근, 셀러리, 양파, 대파 흰 부분 등을 주사위 모양으로 잘게 다져서 혼합한 것)도 브라운 색이 날 때까지 굽는다. 흰 통후추, 코리앤더 씨. 팔각. 월계수잎 등 스파이스를 넣고 향이 우러날 때까지 볶은 뒤 레드와인을 넣어 반으로 졸인다. 여기에 로즈마리, 타임을 넣고 다시 반으로 졸여준다.

위의 냄비에 구운 닭날개, 소고기 육즙, 닭육수를 붓고 1시간 정도 거품을 제거하면서 끓여준다. 면보에 끓인 육수를 걸러낸다. 송로버섯 오일을 첨가한 후 마무리한다.

# FISH STOCK
**생선육수**

생선뼈 2kg
양파 100g
대파 50g
셀러리 50g
다듬고 남은 버섯 10g
다듬고 남은 허브 10g
월계수잎 2g
흰 통후추 2g
레몬 1/2개
물 10L
화이트와인 500ml
버터 20g

생선뼈는 흐르는 물에 씻어 핏물을 제거한다. 냄비에 버터를 두른 후, 양파를 넣어 부드러워질 때까지 볶는다. 여기에 생선뼈를 넣고 색이 나지 않을 정도로 볶아준 뒤 화이트와인을 넣고 반으로 졸이면서 알코올 향을 없애준다. 대파, 셀러리, 허브, 버섯, 레몬, 스파이스(월계수잎, 흰 통후추)를 넣고 30분간 끓인다. 끓어오르면 불을 줄이고 거품을 잘 걷어준다. 육수는 면보에 걸러 식혀 냉장보관한다.

# B. B. S. (BEEF BASIC SAUCE)
**소고기 육즙**

송아지뼈 2kg
당근 100g
셀러리 50g
양파 100g
대파 50g
로즈마리 2g
타임 2g
검은 통후추 2g
흰 통후추 2g
얼음물 10L
토마토 페이스트 30g
올리브오일 20ml
옥수수오일 20ml

송아지뼈는 180도의 오븐에서 1시간 동안 연한 갈색이 날 때까지 굽는다. 냄비에 구운 뼈와 얼음물을 넣은 후 거품을 제거하면서 끓인다. 달군 팬에 올리브오일과 옥수수오일을 두르고 당근, 셀러리, 양파, 대파 순으로 갈색이 날 때까지 구운 다음 토마토 페이스트를 넣고 신맛이 날아갈 때까지 볶은 뒤 끓인 송아지뼈 육수를 부어준다. 2가지 통후추, 로즈마리, 타임을 넣고 8시간 동안 은근하게 끓이면서 거품을 수시로 걷어준다. 기름기를 완전히 제거한 후 면보에 걸러 식혀 냉장보관한다.

# LAMB JUS
### 양고기 주스

**양뼈 1kg**
**양파 250g**
**당근 200g**
**마늘 3쪽**
**통후추 6개**
**토마토 1kg**
**월계수잎 2개**
**로즈마리 2개**
**레드와인 200ml**
**닭육수 1L**
**올리브오일**
**소금, 후추**

양뼈는 소스팬에 담아 220도의 오븐에서 1시간 굽는다. 당근, 양파는 적당한 크기로 잘라 마늘, 통후추, 토마토와 같이 팬에서 색이 나게 볶은 다음 구운 뼈와 섞어 다시 오븐에 넣는다. 20분 정도 구워 꺼낸 소스팬에 레드와인을 부어 디글레이징을 한 후 월계수잎과 로즈마리, 닭육수를 붓고 반으로 졸여질 때까지 은근한 불에서 끓인다. 수시로 생기는 거품은 제거한다. 소스의 양이 반으로 줄어들면 면보를 이용하여 소스만 걸러준다.

bakery

강력분 900g

중력분 100g

풀리시 300g

건조 바질 2g

녹찻가루 10g

물 750ml

레드 드라이이스트 20g

소금 20g

설탕 20g


[ 풀리시 ]

강력분 950g

호밀가루 50g

막걸리 500g

레드와인 100g

물 400g

골드 드라이이스트 2g

설탕 50g

재료를 한꺼번에 버티컬 믹서기에 넣고 중속으로 4분, 고속으로 30초간 반죽한다. 총 믹싱시간은 5분30초 내로 마무리하고 완성된 반죽온도가 27~28도가 되게 한다. 1차 발효는 30분으로 하고, 펀칭 후 발효실에서 15분의 휴지기를 준다.

반죽을 50g씩 분할한 후 타원형으로 성형한다. 단, 롱 바게트는 350g으로 분할하여 막대 모양으로 길게 성형한다. 부드러운 천 위에 덧가루를 충분히 뿌려 달라붙지 않도록 하고 그 위에 성형한 바게트를 올려 20분간 2차 발효시킨다.

2차 발효가 끝나면 (롱 바게트는 칼집을 다섯 개 내주고 미니 바게트는 일자로 한 번만 칼집을 내준다) 윗불 230도, 밑불 210도의 오븐에서 17분간 굽는다. 단, 롱바게트는 10분 정도 더 구워준다.

풀리시는 모든 재료를 넣고 손반죽한다. 이때 덩어리가 지지 않도록 주의한다. 실온에서 5시간 이상 두었다가 핀볼 현상이 나타나면 랩을 씌워 냉장고에 넣는다. 3일 정도 지나면 신맛이 강해지고 이스트의 활성도도 떨어지므로 3일 안에 사용하는 것이 좋다.

# PAPRICA CIABATTA
**파프리카 치아바타**

**강력분 1700g**
**풀리시 600g**
**파프리카 300g**
**물 1300ml**
**골드 드라이이스트 40g**
**소금 40g**
**설탕 60g**

파프리카를 제외한 모든 재료를 넣고 섞은 후 제빵기에서 중속으로 4분, 고속으로 1분 정도 섞어준다. 총 믹싱시간은 6분 내로 한다. 반죽에 1cm 크기로 깍둑썰기한 파프리카를 넣어 다시 한번 반죽한다. 이때 반죽온도는 27~28도로 한다.

35분간 1차 발효하고 펀칭한 후에 상온에서 20분간 휴지기를 준다. 다시 2차 펀칭을 하고 상온에서 10분간 휴지기를 준다. 천 위에 덧가루를 충분히 뿌려 반죽이 달라붙지 않게 하고, 그 위에 반죽을 올린다. 5분 간격으로 세 번, 15분간 반죽을 천천히 늘려 펴준다.

다음으로 반죽을 사각형 모양으로 50g씩 나눈다. 이때 성형은 따로 하지 않으며 분할한 그대로 베이킹 매트 위에 올려 15분간 2차 발효한다. 윗불은 230도, 밑불은 180도의 오븐에서 15분간 굽는다.

# TOMATO BRIOCHE

토마토 브리오슈

강력분 2000g
풀리시 100g
토마토 페이스트 100g
파프리카 파우더 20g
건조 타임 시즈닝 12g
계란 400g
우유 600g
마요네즈
버터 900g
골드 드라이이스트 50g
소금 40g
설탕 400g

버터를 제외한 모든 재료를 넣고 믹싱한다. 글루텐이 90% 정도 잡히면 버터를 넣어 저속으로 믹싱하여 글루텐을 100%까지 잡아준다. 버터는 한꺼번에 넣으면 섞이는데 오랜 시간이 걸리므로 3~4번 나누어 넣는 것이 좋다. 반죽과 버터가 완전히 섞이면 팬에 얇게 펼친 다음 냉장실에서 1시간 이상 휴지시킨다.

반죽이 차가우면 분할 및 성형이 용이하므로 반죽을 냉장고에서 꺼내 30g씩 분할한다. 반죽을 냉장고에 보관하면서 이틀 정도 사용해도 무방하다. 성형은 8자 모양과 크루아상 모양 모두 가능하다.

버터량이 많은 빵이므로 2차 발효시 온도는 26도, 습도는 70% 정도로 낮춰서 35~40분간 발효한다. 2차 발효의 온도와 습도가 높으면 유지가 흘러나와 퍼짐 현상이 나타나기 때문에 브리오슈의 부드러운 맛을 느낄 수 없으므로 주의해야 한다. 오븐에 굽기 전에 마요네즈를 뿌려주고 윗불 190도, 밑불 170도에서 10분간 굽는다.

**강력분 1000g**

**검은콩가루 100g**

**크라프트 믹스 100g**

**풀리시 100g**

**건포도 100g**

**호두 100g**

**계란 3개**

**우유 300g**

**물 300g**

**버터 150g**

**골드 드라이이스트 30g**

**소금 14g**

**설탕 150g**

건포도와 호두를 제외한 모든 재료를 넣고 반죽한다. 반죽이 섞이면 제빵기에서 중속으로 7분, 고속으로 1분간 믹싱한다. 글루텐이 90~95% 정도 잡히면 건포도와 호두를 넣고 다시 한번 저속으로 1분 정도 섞어준다. 이때 고속으로 섞으면 건포도가 으깨져 반죽이 지저분해지고 발효에도 문제가 생기므로 주의해야 한다.

반죽온도는 27~28도로 하고, 30g씩 나누어 40분간 1차 발효한다. 성형은 둥글게 말아 그대로 철판에서 패닝한다. 반죽 위에 우유를 바르고 검은깨를 뿌린 다음 30분간 2차 발효한다. 윗불 190도, 밑불 170도에서 15분간 굽는다.

# MASH FOCACCIA

**매시 포카치아**

강력분 1800g
풀리시 200g
감자 분말 60g
시금치 300g
모차렐라 치즈 200g
우유 360ml
물 1000ml
올리브오일 200ml
골드 드라이이스트 40g
소금 40g
검은 후추 2g
설탕 60g

감자 분말은 우유를 소량씩 넣어 말랑말랑한 포마드 상태(죽처럼 만든 상태)로 만든 후, 후추를 섞는다. 시금치는 잘게 다져서 따로 준비하고, 모차렐라 치즈도 따로 준비한다. 모차렐라 치즈는 제일 마지막에 섞는다.

위 재료를 제외한 모든 재료를 넣고 반죽이 섞이면 제빵기에서 중속으로 7분, 고속으로 1분간 믹싱한다. 90% 이상 글루텐이 잡히면 포마드 상태로 만들어둔 감자를 넣고 저속으로 1분 정도 섞는다. 완전히 섞인 후에 잘게 다진 시금치를 저속으로 1분간 섞는다. 마지막으로 모차렐라 치즈를 넣고 살짝 섞어준다. 너무 오래 돌리면 치즈가 으깨지므로 상태를 확인하면서 섞는다.

30분간 1차 발효한 후 펀칭하여 15분 정도 휴지기를 주고, 두 덩어리로 분할한다. (6×4팬 2팬 분량) 다음으로 5분씩 3회에 걸쳐 15분간 반죽을 펴주는데, 시간을 두고 서서히 늘려 펴준다. 이때 손가락으로 찍어가면서 철판에 꽉 차게 골고루 펴주는 것이 좋다. 40분간 2차 발효한 후, 파마산 치즈가루를 뿌려준다. 윗불 220도, 밑불 180도의 오븐에서 23분간 굽는다. 다 구워지면 오븐에서 꺼내서 올리브오일을 발라준다.

# SOUR DOUGH BREAD
**자연발효빵**

**강력분 800g**
**풀리시 600g**
**물 400g**
**버터 40g**
**골드 드라이이스트 2g**
**소금 8g**
**설탕 30g**

모든 재료를 섞은 뒤 저속으로 2분, 중속으로 8분, 고속으로 30초간 믹싱한다. 반죽온도는 27~28도로 하며, 1차 발효시 온도는 27도, 습도는 75%로 40분간 발효한다. 1차 발효가 끝난 반죽은 250g과 450g으로 분할하여 30분간 휴지시킨다.

타원형으로 성형할 경우, 250g씩 분할하여 사용하고 3호 사이즈 십펠틀에 할 경우에는 450g 반죽을 사용한다. 성형한 반죽은 50~60분간 2차 발효하되, 온도는 35도, 습도는 80%로 한다. 발효가 끝나면 굽기 전에 밀가루를 다시 뿌리고 칼집을 낸다. 윗불 220도, 밑불 210도의 오븐에서 25~30분간 굽는다.

# RYE BREAD

호밀빵

호밀가루 400g
강력분 450g
풀리시 300g
몰트 10g
물 550ml
레드 드라이이스트 2g
소금 20g

모든 재료를 넣고 저속으로 섞은 다음, 중속에서 4분, 고속에서 2분간 믹싱한다. 반죽 온도는 27~28도로 하되, 1차 발효시 온도는 27도, 습도는 75%에 맞춰 45분간 발효시 킨다. 1차 발효된 빵은 펀칭 후에 30분간 휴지기를 둔다.

타원형으로 성형할 경우 250g을, 3호 사이즈 십펠틀을 사용할 경우에는 450g으로 분 할하여 치댄 후 15분간 휴지기를 준다. 성형 후 2차 발효시 온도 35도 습도 80%에서 45분 정도 둔다. 2차 발효 후 밀가루를 살짝 뿌려 칼집을 내고, 윗불 230도, 밑불 210도 의 오븐에서 25분간 굽는다.

# Italian Fruits Bread

**이탈리아 과일빵**

**강력분 1000g**
**폴리시 300g**
**호두 150g**
**건포도 150g**
**후르츠 믹스틸 150g**
**물 700ml**
**레드 드라이이스트 18g**
**소금 18g**

호두, 건포도, 후르츠 믹스틸을 제외한 모든 재료를 고루 섞은 다음 제빵기에서 중속에서 8분, 고속에서 2분간 믹싱한다. 반죽온도는 27~28도로 하되 마지막에 호두, 건포도, 후르츠 믹스틸을 넣고 믹싱을 완료한다. 온도 27도, 습도 75%에서 40분간 1차 발효한 후 펀칭하고, 실온에서 30분간 휴지기를 준다.

반죽은 200g씩 분할하여 10분간 휴지기를 준 다음 막대 모양으로 길게 성형한다. 2차 발효시 온도는 35도, 습도는 80%로 30분간 발효하고 굽기 전에 밀가루 뿌린다. 윗불 200도, 밑불 180의 오븐에서 35분 정도 진갈색이 나도록 굽는다.

＊건과일을 이용해서 만든 무과당의 과일 바게트를 이탈리아 과일빵이라 한다.

cold

# GREEN VITAMIN, FRISEE, EDIBLE FLOWER, CRESSONS, SOFT BOILED QUAIL EGGS, PANCETTA, CREAMY TRUFFLE

**그린비타민, 치커리, 식용 꽃, 물냉이, 반숙으로 익힌 메추리알, 판체타 햄 그리고 송로버섯 크림**

**판체타 햄 20g**

**베이컨 10g**

**메추리알 2개**

**그린비타민 10g**

**치커리 5g**

**물냉이 5g**

**식용 꽃 2g**

**튀긴 겨자씨 약간**

**마요네즈 10g**

**송로버섯 오일 2ml**

**올리브오일 2ml**

**소금, 후추**

**판체타, 베이컨, 메추리알** 판체타와 베이컨은 샐러맨더에 넣어 바삭하게 굽고 메추리알은 끓는 물에 반숙으로 익혀 반으로 자른다.

**그린비타민, 치커리, 물냉이** 소금, 후추, 올리브오일로 버무린다.

**송로버섯 크림** 마요네즈에 송로버섯 오일을 거품기로 잘 섞는다.

프리젠테이션 접시에 그린비타민, 치커리, 물냉이를 담고, 메추리알과 판체타, 베이컨을 뿌려준다. 송로버섯 크림을 접시 위에 충분히 둘러주고 식용 꽃, 튀긴 겨자씨로 마무리한다.

PICKLED WATERMELON, ORANGE, TOASTED ALMOND,
MESCLUN, HOUSEMADE RICOTTA BEIGNET,
CURLY CROUTONS, TOASTED CARDAMOMS

절인 수박, 오렌지, 구운 아몬드, 어린 허브 샐러드,
바삭하게 만든 수제 리코타 치즈, 컬리 크루통 그리고 카다몸

**수박 20g**

**오렌지 10g**

**바게트 4개**

**어린 허브 샐러드 10g**

**아몬드 2g**

**카다몸 1g**

**밀가루 3g**

**빵가루 5g**

**계란 1개**

**우유 50ml**

**마요네즈 10g**

**레몬주스 2ml**

**식초 5ml**

**리코타 치즈** 우유에 식초, 레몬주스를 넣고 은근한 불에서 천천히 끓인다. 단백질이 뭉치기 시작하면 면보에 걸러 치즈를 만들어 상온에서 식힌 후 냉장보관한다. 식힌 치즈를 작고 동그랗게 만든 후 밀가루, 계란, 빵가루 순서로 튀김옷을 입혀 튀겨낸다.

**수박, 오렌지** 수박은 바통 모양으로 썰어 피클에 담가놓고 오렌지는 속살만 발라내어 준비한다.

*피클물은 물 1L 기준에 화이트와인(200ml), 설탕(100g), 피클링 스파이스(20g), 소금을 섞어 만든다.

**아몬드, 카다몸** 아몬드와 카다몸은 바삭하게 구워 으깬다.

**송로버섯 마요네즈** 믹싱볼에 마요네즈와 송로버섯 오일을 넣고 거품기로 잘 섞어 준비한다.

**프레젠테이션** 재료를 접시에 보기 좋게 담고 어린 허브를 올린 후, 송로버섯 마요네즈를 그려서 마무리한다.

# WHITE PEACHES, FIGS, PROCUITTO, ARUGULA, ORANGE VANILLA DRESSING, MASCAPONE MOUSSE

**백도와 무화과, 프로슈토 햄, 아루굴라 그리고 오렌지 바닐라 드레싱, 마스카포네 무스**

**프로슈토 햄 10g**

**백도 20g**

**무화과 5g**

**아루굴라 5g**

**바닐라씨 약간**

**마스카포네 치즈 10g**

**크림치즈 5g**

**오렌지주스 5ml**

**레드와인 5ml**

**요리용 크림 5ml**

**질소 가스**

**흰 식초 1.5ml**

**올리브오일 5ml**

**소금**

**프로슈토, 백도, 말린 무화과** 프로슈토는 슬라이스 머신을 이용해서 얇게 저민다. 백도는 껍질과 씨를 제거한 후, 반달 모양으로 잘라 색이 나게 구워주고, 말린 무화과는 레드와인에 절여 중불로 타지 않게 무화과가 부드러워질 때까지 끓인다.

**마스카포네 무스** 마스카포네 치즈와 크림치즈, 요리용 크림을 섞어 부드럽게 저어 무스로 만든다. 쉬폰자에 넣고 질소 가스를 주입한 후 보관한다.

**오렌지 바닐라 드레싱** 믹싱볼에 오렌지주스, 식초, 바닐라씨를 넣고 올리브오일을 천천히 거품기로 저어가며 섞는다. 소금으로 적당하게 간을 한다.

**프레젠테이션** 마스카포네 무스를 폼을 내어 백도 위에 뿌려주고, 백도, 무화과, 프로슈토를 차례대로 돌려준다. 마지막으로 오렌지 바닐라 드레싱에 버무린 아루굴라로 마무리한다.

# Tomatoes, Miniature Basil, 25yrs Balsamic Reduction, Herb Tuile, Basil Jelly

**토마토, 어린 바질, 25년산 발사믹, 허브 향 튜일 그리고 바질 젤리**

덩굴 토마토 20g

검은 토마토(쿠마토) 20g

체리 토마토 5g

노란 토마토 5g

바질 10장

비트잎 2g

마늘 약간

로즈마리 약간

타임 약간

젤라틴 1장

허브 향 튜일 1조각

발사믹 식초 10ml

올리브오일

소금, 후추

**토마토** 끓는 물에 살짝 데친 후 얼음물에 담가 껍질을 벗겨 물기를 제거한다. 큰 토마토는 슬라이스하고 작은 토마토는 반으로 자른다.

**졸인 발사믹** 발사믹 식초에 마늘, 로즈마리, 타임을 넣고 은근한 불에서 점성이 생길 때까지 끓인다.

**바질 젤리** 바질은 물에 데친 후 블렌더로 갈아 체에 걸러 찌꺼기를 제거하여 원액을 뽑아내고, 젤라틴은 미지근한 물에 풀어 녹인 후 바질 원액을 혼합한다. 혼합물은 냉장 보관하여 굳힌다.

**프레젠테이션** 토마토는 소금, 후추로 밑간을 하고 올리브오일을 섞어 윤이 나게 만든다. 색이 겹치지 않게 토마토를 골고루 놓고 스퀴즈바틀을 이용해서 토마토 사이사이에 발사믹을 뿌려준다. 지그재그로 젤리를 돌려주고 그 위에 튜일을 올린다. 마지막으로 비트잎으로 장식한다.

Sugar Cured Norwegian Salmon,
Mascapone Mousse,
Baby Mesclun, Citrus Caviar
설탕에 절인 노르웨이산 연어와 마스카포네 무스, 어린 허브, 시트러스 캐비어

**연어 1마리**
**마스카포네 치즈 500g**
**크림치즈 200g**
**라임 1개**
**레몬 1개**
**어린 허브 100g**
**요리용 크림 100ml**
**오렌지주스 250ml**
**알진 3g**
**칼식 3g(물 500ml 기준)**
**소금 500g**
**설탕 500g**

**연어** 연어는 껍질을 제거한다. 설탕과 소금을 1대 1로 섞고 그레이터로 라임과 레몬 껍질을 벗겨 혼합한 재료에 연어를 감싼 후 냉장으로 3시간 이상 재워둔다. 얼음물에 씻어 물기를 제거한 후 다시 2일간 냉장한 다음 꺼내어 실온에 말린다.

**마스카포네 무스** 마스카포네 치즈와 크림치즈, 요리용 크림을 부드럽게 저어 섞어 무스를 만든다.

**시트러스 캐비어** 오렌지주스에 알진을 섞고 물에 칼식을 녹인 후 거품이 가라앉을 때까지 기다린다. 주사기에 오렌지 희석액을 넣고 칼식을 녹인 물에 떨어뜨린 후 굳을 때까지 기다린다.

**프레젠테이션** 접시에 무스를 그리고, 그 위에 얇게 썬 연어를 돌돌 말아 올려준다. 인공 캐비어와 어린 허브로 마무리한다.

# "Caprese" Tomato, Parmesan Puff, Basil & Olive Puree, Balsamic Reduction, Garlic Tuile

카프레제 샐러드

토마토 20g
덩굴 토마토 20g
체리 토마토 5g
노란색 체리 토마토 5g
흑 토마토 20g
검은 올리브 5g
바질잎 2장
튜일 2조각
파마산 치즈 5g
바질 페스토 5g
발사믹 식초 약간
올리브오일 5ml
소금, 후추

[ 바질 페스토 ]
바질잎 100g
잣 40g
마늘 10g
올리브오일 600ml
소금, 후추

**올리브 바질 퓌레** 검은 올리브와 올리브오일을 푸드 프로세서에 넣고 곱게 갈고 바질잎을 넣어 다시 한번 간 뒤 소금, 후추로 간을 하여 퓌레를 만든다.

**토마토** 종류별로 준비한 토마토는 끓는 물에 살짝 데쳐 얼음물에 담가 껍질을 벗긴 후 적당한 크기로 잘라 준비한다.

**파마산 퍼프** 파마산 치즈를 얇게 썰어 말린 후 전자레인지에 1분 정도 돌려서 딱딱하게 부풀어 오르면 손을 이용해 적당한 크기로 자른다.

**발사믹 리덕션** 발사믹 식초를 은근한 불에 타지 않게 졸여 걸죽하게 만든다.

**바질 페스토** 마늘은 다지고 잣은 굽는다. 푸드 프로세서에 바질잎과 올리브오일을 넣고 천천히 간 다음 다진 마늘과 구운 잣을 넣고 후추로 간을 한 뒤 냉장보관하여 사용한다.

**프레젠테이션** 그릇에 브러시로 올리브 퓌레를 바른 후, 오일과 바질 페스토로 버무린 토마토를 그 위에 올려준다. 그 위에 바질잎, 파마산 퍼프, 갈릭 튜일을 보기 좋게 담아낸다.

# CARPACCIO OF BEEF, TRUFFLE MAYONNAISE, ROCKET, CROUTONS, PARMESAN

**소고기 카르파초와 송로버섯 마요네즈 로켓 샐러드**

**안심 60g**
**로켓 샐러드 5g**
**타임**
**로즈마리**
**세이지**
**브리오슈 크루통 5g**
**파마산 치즈 5g**
**마요네즈 5g**
**송로버섯 오일$^A$ 1ml**
**송로버섯 오일$^B$ 2ml**
**올리브오일**
**소금, 후추**

**소고기 카르파초** 안심의 비계와 껍질을 잘 손질한 후 허브(타임, 로즈마리, 세이지)와 올리브오일, 소금, 후추로 마리네이드하여 랩으로 동그랗게 말아 약간 단단해질 정도로 냉동보관한다. 적당히 얼어 있는 상태의 안심을 슬라이스머신으로 얇게 밀어 준비한다.

**송로버섯 마요네즈** 마요네즈에 소금과 후추로 간을 한 후 송로버섯 오일$^A$을 섞는다.

**프레젠테이션** 접시에 얇게 민 소고기 카르파초를 올린 다음, 스퀴즈바틀을 이용해 송로버섯 마요네즈를 동그랗게 찍어 준다. 로켓 샐러드와 크루통을 뿌리고, 파마산 치즈는 글레이터를 이용해 밀어 뿌려준다. 송로버섯 오일$^B$를 뿌려 마무리한다.

# Assorted Cheese Selection, Baby Herb Salad, Mascapone Mousse

**어린 허브순 샐러드가 어우러진 치즈 셀렉션과 마스카포네 무스**

까망메르치즈 20g

체다치즈 20g

염소젓 치즈 20g

마스카포네 치즈 20g

크림치즈 10g

라보시 브레드 20g

말린 딸기|칩 5장

어린 허브순 20g

요리용 크림 10g

시트러스 드레싱 5ml

질소 가스

소금, 후추

**마스카포네 무스** 마스카포네 치즈와 크림치즈, 요리용 크림을 섞어 부드럽게 저어 무스로 만든다. 쉬폰자에 넣고 질소 가스를 주입한 후 보관한다.

**샐러드** 어린 허브순과 시트러스 드레싱을 살짝 버무린 후, 소금과 후추로 간을 한다.

**프레젠테이션** 큰 볼에 샐러드를 담고, 치즈를 종류별로 듬성듬성 뿌린다. 말린 딸기를 뿌린 후, 라보시 브레드에 마스카포네 무스를 짜서 마무리한다.

hot

# Sweet Corn Veloute, Butter Poached Calamari, Thyme, Tuile, Leeks

**버터에 부드럽게 익힌 오징어와 옥수수 벨루테**

**오징어 링 20조각**

**옥수수 200g**

**양파 80g**

**타임 1묶음**

**대파 1개**

**마늘**

**튜일 4개**

**닭육수 200ml**

**요리용 크림 200ml**

**버터 50g**

**소금**

**옥수수 벨루테** 충분히 달군 팬에 버터를 녹인 후 큼직하게 썰어둔 양파를 넣고 색이 나지 않게 볶다가 옥수수를 넣는다. 익기 시작하면 닭육수를 붓고 타임을 넣은 다음 소금 간을 하여 다시 한번 끓인다. 블렌더에 갈아 고운 체에 걸러 식혀 냉장보관한다.

**오징어, 옥수수** 끓어오른 닭육수에 버터를 조금씩 섞어가며 버터 포칭 리퀴드를 만들어 오징어와 옥수수를 익혀준다.

**프레젠테이션** 준비된 벨루테는 요리용 크림을 첨가해 부드럽게 만든 후 파와 튜일로 장식해서 따뜻하게 접시에 낸다.

# Peas & Ham Hock Veloute, Lentil du Puy

**완두콩 벨루테와 돼지 정강이 햄, 렌즈콩**

**돼지 정강잇 살 40g**
**완두콩 400g**
**렌즈콩 20g**
**튜일 4개**
**돼지육수 100ml**
**버터 50g**
**요리용 크림 400ml**

**돼지 정강잇살** 돼지육수를 센불에 끓인다. 끓는 육수에 정강잇살을 브레이징해서 익힌 후, 살만 발라내어 동그랗게 말아놓는다.

**렌즈콩** 끓는 물에 부드러워질 때까지 삶아 데쳐 건져 놓는다.

**완두콩** 버터를 두른 팬에 살짝 익혀 준비한다.

**완두콩 벨루테** p. 25 참조

프레젠테이션 완두콩 벨루테를 접시에 담고 원형으로 자른 돼지 정강잇 살과 렌즈콩, 완두콩으로 가니시를 만든 다음 튜일을 위에 얹는다.

**돼지고기 간 것 50g**
**작은 오징어 1마리**
**타임 1묶음**
**파슬리 2g**
**계란 1개**
**튜일 4개**

**[ 옥수수 벨루테 ]**
**옥수수 200g**
**양파 100g**
**타임 1묶음**
**닭육수 200ml**
**소금**

**오징어 소시지** 오징어는 내장과 껍질을 깨끗이 제거하여 준비하고, 돼지고기는 곱게 다진 다음 계란, 타임, 파슬리 잎을 섞어 속을 만든다. 오징어 안에 돼지고기 속을 채우고 랩으로 감싼 후 오븐에서 스팀으로 20분 정도 익힌다. 돼지고기가 완전히 익지 않은 경우에는 5분 정도 더 익힌다.

**옥수수 벨루테** p. 85 참조

**프레젠테이션** 익힌 오징어 소시지는 얇게 썰어 접시에 올리고 옥수수 벨루테를 부은 다음 튜일을 위에 얹어 따뜻하게 제공한다.

# Porcini Veloute, Aubergine Caviar, Tomato, Roasted Pine Nut, Chervil Oil

**송이버섯 벨루테, 가지 캐비어, 구운 잣 그리고 처빌 오일**

가지 1/2개
토마토 20g
타임 1줄기
처빌 10g
잣 5g
올리브오일A 5ml
올리브오일B 5ml
소금, 후추

[ 송이버섯 벨루테 ]
송이버섯 300g
양파 100g
월계수잎 1개
타임 5g
닭육수 200ml
우유 200ml
송로버섯 오일 5ml
버터 50g
소금, 후추

**송이버섯 벨루테** p. 24 참조

**가지 캐비어** 가지는 반으로 잘라 타임, 올리브오일A을 발라 오븐에서 노릇하게 익을 때까지 구운 후 속살만 파내어 다진다. 토마토는 끓는물에 살짝 데쳐 껍질을 벗기고 속살만 작게 썬다. 가지와 토마토 속살은 팬에 살짝 데워 소금, 후추로 간을 한다음 접시에 올린다.

**처빌 오일** 처빌과 올리브오일B을 블렌더에 갈아 냄비에 넣어 약불로 줄여 수분을 증발시킨다음 면보에 걸러 초록색의 오일을 뽑아낸다.

**프레젠테이션** 원형 몰드를 이용해서 가지 캐비어를 그릇 중앙에 담고, 구운 잣을 올린다. 송이버섯 벨루테를 붓고 처빌 오일로 마무리한다.

# Dungeness Crab and Yabby Ravioli, Lime Infused Midori Dressing, Cucumber, Grapefruit, Cayenne

**게와 가재로 만든 라비올리, 라임 향 그윽한 미도리 드레싱, 자몽 그리고 카옌페퍼**

자몽 20g
오이 20g
미도리 10ml
라임주스 5ml
카옌페퍼
흰 식초 5ml
소금

[ 라비올리 ]
파스타용 밀가루(세몰리나) 200g
강력분 300g
게살 10g
가잿살 30g
계란 노른자 5개
계란 5개
올리브오일 10ml

**게살, 가잿살** 잘게 다져 원형으로 볼을 만든다.

**라비올리** 파스타용 세몰리나와 강력분을 섞고 계란 노른자 5개, 계란 5개, 올리브오일, 소금을 넣어 같이 치대어 반죽을 만든다. 손으로 계속 치대어 글루텐이 만들어지면 랩으로 감싸 냉장고에서 하루 동안 보관한다. 꺼낸 반죽은 파스타 머신을 이용해서 편편한 도우를 만든 다음 알맞은 크기로 잘라 해산물(가재와 게) 볼을 넣어 원형의 라비올리를 만든다. 끓는 물에 살짝 데친 후, 접시에 내기 전에 3분 정도 삶아 따뜻하게 준비한다.

**자몽, 오이** 자몽은 속살을 분리하고 오이는 씨를 제거한 다음 작은 사각형 모양으로 썰어 준비한다.

**미도리 드레싱** 미도리를 알코올 향이 날아갈 때까지 끓여서 식힌 다음 오일과 식초, 라임주스와 함께 믹싱볼에서 섞어 드레싱을 만든다. 접시에 올리기 전 자몽과 오이를 넣어 섞는다.

**프레젠테이션** 그릇에 라비올리, 드레싱 순서로 담고 카옌페퍼를 뿌려 마무리한다.

# Pan Seared Bay Scallop, Cauliflower Velvet, Wilted Granny Smith, EV Olive Oil, Poached Cherry Tomato, Spiced Coriander

팬에 구운 관잣살과 콜리플라워 벨벳, 살짝 익힌 사과, 최상급 올리브오일에 익힌 체리 토마토 그리고 코리앤더

냉동 관잣살 2개
사과 10g
체리 토마토 2개
어린 허브 샐러드 5g
코리앤더 씨 2g
우유 5ml
올리브오일 10ml

[ 콜리플라워 퓌레 ]
콜리플라워 100g
양파 20g
요리용 크림 50ml
버터 10g
소금, 후추

**관자** 크기가 비슷한 2개의 관잣살을 준비해 소금과 후추로 간을 한 후 색이 나게 양쪽을 굽는다.

**체리 토마토** 냄비에 올리브오일과 체리 토마토를 넣고 은근한 불에 익힌 후, 껍질을 제거한다.

**사과** 바통 모양으로 잘라 버터에 볶아 색이 나게 준비해둔다.

**콜리플라워 퓌레** p. 27 참조

**프레젠테이션** 접시에 콜리플라워 퓌레를 수저를 이용해 그려주고 관잣살, 사과 바통, 체리 토마토, 어린 허브 샐러드 순으로 올린다. 코리앤더 씨는 중불로 달군 팬에 살짝 볶아서 가루로 뿌려준다.

# Pan fried Foie Gras, Toasted Brioche, Strawberry Reduction, Chillean Grape Jelly, Lemon Oil Powder, Lemon Verbena

**팬에 구운 푸아그라와 구운 브리오슈, 졸인 딸기, 칠레산 포도 젤리, 레몬 향 파우더 그리고 레몬 버베나 허브**

푸아그라(냉동) 160g

딸기 쿨리 100g

레몬 1개

체리 4개

크루통 2개

젤라틴 1장

레몬 버베나 2g

포도주스 400ml

말토 덱스트린 100g

올리브오일 20ml

**소금, 후추**

**설탕 100g**

**푸아그라** 푸아그라는 40g씩 맞춰 썰고 충분히 달군 팬에 소금과 후추로 간을 한 후 타지 않게 양쪽을 굽는다.

**포도 젤리** 포도주스는 산 성분이 없어질 때까지 은근한 불에 졸여준다. 젤라틴은 물에 녹여 설탕을 혼합한 다음 평평한 틀에 부어 냉장고에 보관하여 젤리를 만든다. 만들어진 젤리는 1×1cm 크기의 사각형으로 썰어 준비한다.

**레몬 오일** 오일에 레몬 껍질을 담가 이틀 정도 상온에 보관한 후 향이 배면 걸러내 오일만 사용한다.

**레몬 파우더** 레몬 오일에 말토 덱스트린을 섞어 향을 더한다.

**프레젠테이션** 접시에 딸기 쿨리를 스퀴즈바틀로 세 번 정도 그려준 후 잘 익은 푸아그라를 얹고 체리, 크루통, 레몬 버베나로 모양을 잡는다. 그 위에 포도 젤리와 레몬 파우더를 뿌려 완성한다.

# Foie Gras, Poussin, Pork Belly Ballotine, Candied Kumquats, Miniature Mesclun, Cornichon, Cucumber Salad

푸아그라, 닭고기, 삼겹살로 만 발로틴, 설탕 절임 금귤, 어린 허브 샐러드, 절인 오이 그리고 샐러드

생닭 1마리
간 돼지고기 100g
베이컨 200g
푸아그라 30g
양파 100g
오이 50g
코르니숑(작은 오이) 40g
아스파라거스 100g
어린 허브 샐러드 50g
설탕 절임 금귤 100g
피스타치오 5g
요리용 크림 50ml
버터 50g
소금, 후추

**발로틴** 닭은 뼈만 발라 껍질이 있는 채로 살만 두들겨 준비한 후 허브와 소금, 후추로 밑간을 해둔다. 돼지고기도 소금과 후추로 밑간을 한다. 랩을 여러 장 겹쳐 넓게 펼친 후 베이컨을 고루 펴고 그 위에 밑간을 한 닭을 놓는다. 그 위에 돼지고기를 골고루 편 후 푸아그라를 올리고 피스타치오를 적당히 부수어 뿌려준다. 모든 재료가 흩어지지 않게 랩으로 단단하게 만 다음 호일을 다시 한번 덧씌운다. 스팀을 이용해 오븐에서 30분간 찐다.

**오이, 아스파라거스, 금귤** 오이와 아스파라거스는 필러로 얇고 길게 벗겨 준비하고, 금귤은 반으로 갈라 씨를 제거한다.

**양파** 큼직하게 썬 다음 버터를 두른 팬에 색이 나지 않게 볶은 후 크림을 넣어 끓여준다. 따뜻할 때 블렌더로 갈아 퓌레를 만든다.

**프레젠테이션** 접시에 퓌레를 깔고 그 위에 발로틴을 올리고, 필러로 벗긴 오이와 아스파라거스를 동그랗게 말아놓는다. 어린 허브 샐러드, 코르니숑 절임, 금귤 등으로 마무리한다.

# Pan Seared Salmon, Crushed Idaho Potato, Butter Poached Crayfish, Green Peas, Vine Tomato Coulis

**팬에 구운 연어와 아이다호 감자, 버터에 익힌 가재, 완두콩 그리고 덩굴 토마토 쿨리**

연어 120g

아이다호 감자 50g

가재 4조각

완두콩 20g

타임 5g

생선육수 40ml

토마토 쿨리 10g

버터 10g

올리브오일

**연어** 깨끗하게 손질한 후 뜨겁게 달군 팬에 껍질부터 색이 나게 굽는다. 배어 나온 뜨거운 기름을 뿌려가며 전체를 익힌다.

**감자** 껍질을 제거한 후 끓는 물에 삶아 체에 걸러 물기를 없애고 따뜻할 때 포크를 이용해 으깬다. 으깬 감자는 접시에 올리기 전에 올리브오일을 첨가해 따뜻하게 만든다.

**버터 포칭 리퀴드** 생선육수에 타임을 넣고 끓이다가 버터를 조금씩 넣어가며 버터 포칭 리퀴드를 만든다.

**가재** 껍질을 제거한 다음 버터 포칭 리퀴드에 익힌다.

**토마토 쿨리** p. 26 참조

**프레젠테이션** 접시에 토마토 쿨리를 넓게 펴 발라주고 팀발을 이용해 감자를 그 위에 동그랗게 올려준다. 쿨리 주위로 가재와 완두콩을 놓고 연어를 올려 마무리한다.

# Sous Vide Cooked Young Chicken, Leg Confit, Kabocha Squash Puree, Braised Lentil du Puy, Chicken Truffle Jus

진공포장으로 익힌 영계 요리와 다릿살 콩피, 부드러운 렌즈콩과 치킨 송로버섯 주스

닭가슴살 120g

닭다릿살 20g

단호박 퓌레 30g

렌즈콩 20g

당근 5g

양파 5g

애호박 30g

마늘 1통

타임 5g

로즈마리 5g

닭육수 100ml

치킨 송로버섯 주스 10ml

올리브오일

소금, 후추

**닭가슴살** 허브(로즈마리, 타임)와 소금, 후추, 올리브오일, 마늘로 하루 동안 마리네이드한 후 진공포장한다. 65~75도의 따뜻한 물에 20분 정도 겉만 익힌다(끓는 물에 익히면 가슴살이 퍽퍽해질 수 있기 때문에 주의해야 한다). 식힌 후 서브 직전에 팬에 껍질 부분만 색이 나게 구어준 다음 세 조각으로 나눈다.

**다릿살 콩피** 가슴살과 다릿살을 제외한 부위를 큰 통에 담가 중간불로 익히면 기름이 생긴다. 닭다릿살과 기름을 넣은 통을 다시 따뜻한 물에 담그고 중탕으로 천천히 익힌다. 익힌 다릿살의 뼈를 발라낸 후, 네모난 틀에 넣고 굳혀 식혀서 냉장보관한다. 완전히 굳으면 2×2cm 크기로 자른다. 접시에 내기 전에 다시 한번 노릇하게 구워 낸다.

**단호박 퓌레** p. 26 참조

**렌즈콩, 당근, 양파** 렌즈콩은 닭육수에 삶아 건져 내고 당근과 양파는 부르누아즈(2×2×2mm)로 썰어 볶은 다음 렌즈콩과 같이 섞어준다.

**애호박** 길고 얇게 썬 다음 버터를 두른 팬에 살짝 데친다.

**프레젠테이션** 접시에 수저를 이용하여 퓌레를 그어주고 그 위에 당근, 양파를 섞어 익힌 렌즈콩, 세 조각 낸 닭가슴살 순으로 담는다. 버터에 데친 애호박은 동그랗게 말아 닭가슴살, 닭다릿살 콩피 옆에 두고 치킨 송로버섯 주스를 뿌려 마무리한다.

# Botanical Spiced Duck, Leg Confit, Butter Braised Garlic, Pearl Onion, La Ratte, Duck Liver, Au Jus

보태니컬 스파이스와 어우러진 오리다릿살 콩피, 버터에 익힌 마늘, 오리 간과 내추럴 주스

오리다릿살 200g

오리간 5g

진주 양파 10g

라테 감자 30g

토마토

당근

마늘 4통

닭육수<sup>A</sup> 10ml

닭육수<sup>B</sup> 10ml

레드와인 5ml

오리 주스 10ml

오리 기름 100g

통후추

설탕

[ 보태니컬 스파이스 ]

주니퍼 베리 5g

팔각 2g

통후추 10g

큐민 2g

코리앤더씨 2g

계피 2g

겨자씨 2g

캐러웨이 2g

정향 1g

**보태니컬 스파이스** 모든 스파이스를 잘게 갈아 준비한다.

**오리다릿살 콩피** 잘 손질한 후 3시간 동안 굵은 소금에 담가 간이 배게 만든 후 차가운 물로 헹궈둔다. 물기를 제거한 오리다리를 곱게 간 보태니컬 스파이스에 반나절 동안 마리네이드한다. 오리살을 발라내고 미리 준비한 오리기름에 마리네이드한 오리를 넣고 120도의 오븐에서 뼈가 분리될 때까지 10시간 동안 익힌다.

**감자, 마늘** 감자는 익혀 으깨어 준비하고, 마늘과 양파는 버터에 색이 나게 볶다가 설탕과 닭 육수를 이용해서 브레이징한다

**오리 간 주스** 오리뼈를 소스팬에 담은 뒤 220도의 오븐에서 굽는다. 당근, 양파는 적당한 크기로 자르고 마늘, 통후추, 토마토와 같이 색이 나게 볶다가 구운 뼈와 섞어 다시 오븐에 넣는다. 20분 정도 구워 꺼낸 소스팬에 레드와인을 부어 디글레이징을 해준다. 여기에 닭육수를 붓고 반으로 졸아들 때까지 은근한 불에서 끓여준다. 수시로 생기는 거품은 제거한다. 소스의 양이 반으로 줄어들면 면보를 이용하여 소스만 걸러 오리간을 섞는다.

**프레젠테이션** 접시에 감자, 마늘, 양파 순으로 담고 오리다리와 소스로 마무리한다.

**팬에 구운 광어와 관자 소시지, 캐러멜 엔다이브, 바닐라 향의 화이트 비스크 폼과 레몬 밤**

광어 120g
관잣살 1조각
베이컨 5g
레몬 밤 2잎
엔다이브 40g
바닐라씨 1개
화이트 비스크 10ml
생선육수 100ml
요리용 크림 20ml
버터
올리브오일

**광어** 깨끗하게 손질한 다음 비늘과 껍질을 제거하여 준비해둔다. 접시에 내기 직전 뜨거운 팬에 기름을 두르고 껍질을 노릇하게 구워낸다.

**관자 소시지** 차갑게 보관한 관자는 푸드 프로세서에 간 다음, 크림을 천천히 섞어 무스 상태로 만든 후, 랩으로 동그랗게 말아 스팀을 이용해 쪄서 관자 소시지를 만든다.

**엔다이브, 화이트 비스크, 베이컨** 엔다이브는 생선육수에 데쳐주고 접시에 내기 전에 버터를 둘러 색이 나게 구워준다. 화이트 비스크는 바닐라씨를 첨가하고 핸드 블렌더를 이용하여 폼을 만든다. 베이컨은 바삭하게 구워 식힌 후 기름을 제거하고 아주 곱게 다져 파우더를 만든다.

**프레젠테이션** 그릇에 색을 낸 엔다이브를 깔고 그 위에 광어, 관자 소시지를 얹은 다음 화이트 비스크 폼을 얹고 레몬 밤과 베이컨 파우더로 마무리한다.

# Port Wine Braised Beef Short Rib, Potato Gnocchi, Green Peas, Spring Onion, Caramelized Onion, Chervil, Baby Basil

**포트와인에 브레이징한 소갈빗살과 감자 뇨키, 완두콩, 실파, 미니 바질**

소갈빗살 2대

감자 1개

강력분 50g

어린 양파 20g

완두콩 20g

실파 1개

어린 바질잎 2장

처빌 약간

계란 노른자 5g

파마산 치즈 10g

소고기 육수 50ml

소고기 육즙 50ml

포트와인 10ml

버터

**소갈빗살** 4×6cm 로 성형하여 손질하고 찬물에 담가 핏물을 없앤다. 소고기 육즙, 소고기 육수, 포트와인을 섞어 리퀴드를 만들어 소갈빗살과 뼈가 분리될 때까지 브레이징한다.

**감자 뇨키** 감자는 구워 껍질을 제거하고 따뜻할 때 밀가루, 파마산 치즈, 계란 노른자를 섞어 반죽을 만든 뒤 동그랗게 성형을 하고 끓는 물에 살짝 삶아 뇨키를 만든다.

**완두콩, 실파, 양파** 완두콩과 실파는 버터에 살짝 익히고 양파는 색이 나게 볶아준다.

프레젠테이션 큰 볼에 소갈빗살, 감자 뇨키, 완두콩과 실파, 양파, 바질, 처빌을 보기 좋게 담고, 브레이징에 사용한 리퀴드를 조금 더 졸여 소스로 올린 후 마무리한다.

# Thyme Crusted Alaskan Salmon, Shredded Napa Cabbage, Lardon, Green Peas Puree, Puffed Mustard Seeds, Chicken Apple Jus

타임 향 그윽한 알래스카산 연어와 라돈, 완두콩 퓌레, 치킨 사과주스

연어 120g

라돈 20g

배추 10g

사과 10g

타임 20g

겨자씨 2g

완두콩 퓌레 20g

치킨 주스 10ml

사과주스 5ml

빵가루 30g

버터 20g

**타임 크러스트** 타임은 곱게 다지고 버터는 상온에서 말랑하게 한 후 빵가루와 같이 섞어 반죽한 다음 베이킹 페이퍼에 얇고 평평하게 펴 발라 냉동고에 보관한다.

**연어** 연어는 손질한 다음 껍질을 먼저 노릇하게 굽고 팬에 있는 기름을 수저를 이용해 끼얹으면서 익힌다. 구운 후 타임 크러스트를 위에 얹어 샐러맨더에서 색을 낸다.

**배추, 라돈, 겨자씨** 배추는 얇게 썰고 라돈은 주사위 모양으로 썰어 볶는다. 겨자씨는 기름에 튀겨 준비한다.

**소스** 치킨 주스에 사과와 사과주스를 섞어 한 번 끓여주고 고운체에 거른다.

**완두콩 퓌레** 완두콩 벨루테(p. 25)를 만들 때 우유를 섞지 않고 퓌레용을 따로 준비한다.

**프레젠테이션** 접시에 퓌레를 그리고 배추와 라돈, 타임 크러스트, 연어 순으로 놓은 다음 겨자씨와 소스로 마무리한다.

# Slowly Cooked Wagyu rib,
# Potato Gnocchi, Puffed Rice, Pearl Onion,
# Chervils, Baby Mesclun

**부드럽게 조리한 와규 갈빗살과 감자 뇨키, 튀긴 라이스, 실파, 미니 양파**

**최상급 와규 갈빗살 2대**
**스팀으로 찐 쌀 20g**
**실파 2개**
**어린 양파 20g**
**처빌 약간**
**어린 허브 샐러드 약간**
**소고기 육수 50ml**
**소고기 육즙 50ml**
**포트와인 100ml**
**올리브오일**

**[ 감자 뇨키 ]**
**감자 1개**
**강력분 50g**
**계란노른자**
**파마산 치즈 10g**

**소갈빗살** 4×6cm로 성형하여 손질하고 찬물에 담가 핏물을 없앤다. 소고기 육수, 소고기 육즙, 포트와인을 섞어 리퀴드를 만들어 소갈빗살과 뼈가 분리될 때까지 브레이징한다.

**감자 뇨키** 감자는 구워 껍질을 제거하고 따뜻할 때 밀가루, 파마산 치즈, 계란 노른자를 섞어 반죽을 만든 뒤 동그랗게 성형을 하고 끓는 물에 살짝 삶아 뇨키를 만든다. 서브 직전에 팬에서 노릇하게 구워낸다.

**실파, 양파** 실파는 버터에 살짝 익히고 양파는 색이 나게 볶아준다.

**튀긴 라이스** 쌀은 물에 씻은 후 오븐에서 스팀으로 찐다. 찐 쌀은 낱알로 분리한 후 하루 동안 말린다. 딱딱하게 말린 쌀은 180도의 오일에 튀겨 준비한다.

**프레젠테이션** 접시에 뇨키를 놓고 갈빗살을 그 위에 올린다. 실파, 양파를 듬성듬성 놓고 주스를 뿌린 뒤 처빌과 어린 허브를 올린다. 튀긴 쌀로 마무리한다.

PAN SEARED SONOMA DUCK BREAST,
SHERRY GLAZED PEACH & GINGER COMPOTE,
ARUGULA, ORANGE MUSTARD JUS
팬에 구운 오리가슴살과 셰리 식초로 윤기를 낸 복숭아와 생강 콩포트, 오렌지 겨자 주스

오리가슴살 120g
백도 30g
빨간색 방울 토마토 2개
노란색 방울 토마토 2개
생강 10g
오렌지 10g
로즈마리
타임
마조람
세이지
아루굴라 5g
겨자씨
오리 소스 20ml
셰리 식초 10ml
머스터드 1스푼
소금, 후추

**오리가슴살** 비계와 불순물을 제거한 후 껍질 쪽으로 칼집을 낸 다음 갖가지 허브(로즈마리, 타임, 마조람, 세이지)와 소금, 후추로 마리네이드하여 진공포장한다. 65~75도 사이의 따뜻한 물에서 수비드 쿠킹한다.

**복숭아 & 생강 콩포트** 백도는 주사위 모양으로 썰어 색이 나게 볶고, 생강은 얇고 길게 썰어 설탕물에 담가 매운맛을 없앤다. 팬을 달군 후 셰리 식초를 두르고 백도와 생강을 캐러멜라이즈되게 볶는다.

**오렌지 소스** 오리 소스에 오렌지를 넣고 끓여 단맛을 첨가하고 체에 거른다. 접시에 담기 전에 머스터드를 넣어 향을 살린다.

**방울 토마토** 냄비에 토마토가 잠길 정도로 오일을 붓고 데운다. 익은 토마토는 오일에서 꺼내서 껍질을 제거하여 준비한다.

**프레젠테이션** 콩포트를 접시 중앙에 담고 오리가슴살, 오렌지 소스, 마지막에 아루굴라로 마무리한다.

# PAN FRIED SEA BREAM, CARAMELIZED ENDIVE, VIDALIA ONION COULIS, MINT ORANGE PESTO

**팬에 구운 도미와 캐러멜라이즈한 엔다이브, 비달리아 양파 쿨리와 민트 오렌지 페스토**

도미 120g
양파 20g
민트 50g
시금치 50g
오렌지 껍질 20g
잣 20g
마늘 1쪽
엔다이브 40g
생선육수 100ml
요리용 크림 5ml
버터 5g
파마산 치즈 30g
올리브오일A 100ml
올리브오일B 80ml
소금, 후추

**도미** 뼈를 발라내고 살을 잘 손질한 다음 뜨거운 팬에 오일A을 두르고 중불에 껍질만 바삭하게 구운 후 뜨거운 오일을 살에 얹어가며 익힌다.

**양파 쿨리** 버터를 두른 팬에 잘게 자른 양파를 색이 나지 않게 볶다가 소금과 후추로 간을 하고 요리용 크림을 첨가한다. 한번 끓어오르면 뜨거울 때 블렌더로 갈아 아주 부드러운 쿨리를 만든다.

**민트 오렌지 페스토** 푸드 프로세서에 민트, 시금치, 오렌지 껍질을 넣고 곱게 갈다가 잣, 마늘 등을 넣은 후 오일B을 천천히 부어가며 페스토를 만들고 소금과 후추로 간을 한다.

**엔다이브** 생선육수에 데친 후 접시에 담기 직전에 버터에 색이 나게 볶아 준다.

**프레젠테이션** 접시에 쿨리를 먼저 깔고 페스토, 엔다이브 순으로 담는다. 그 위에 도미를 올리고 마무리한다.

# Lamb Loin, Spiced Couscous, Tomato & Zucchini Succotash, Mint Jus

**양고기, 스파이스를 곁들인 쿠스쿠스 토마토와 애호박 스코타시, 민트 주스**

양고기 150g
쿠스쿠스 30g
토마토 20g
애호박$^A$ 10g
애호박$^B$ 10g
당근 30g
무 30g
피망 10g
민트 2개
로즈마리
타임
비타민 5~6장
마늘 1쪽
닭육수 30ml
양고기 주스 10ml
버터
올리브오일
소금, 후추

**양고기** 뼈를 발라낸 후 살만 사용하는데 여기에 허브(민트, 로즈마리, 타임), 마늘, 소금, 후추, 올리브오일을 섞어 24시간 마리네이드한다. 이후 진공포장한 뒤 63~65도의 저온에서 장시간 수비드 쿠킹한다.

**쿠스쿠스, 벨페퍼** 쿠스쿠스는 따뜻한 닭육수에 잠기도록 한 다음 랩으로 밀봉하여 같은 온도로 익힌다. 피망은 블렌더로 간 다음 물기를 빼고 오븐에 넣어 살짝 말려서 쿠스쿠스와 섞어 준비한다.

**토마토와 애호박 스코타시** 토마토는 뜨거운 물에 살짝 데친 다음 얼음물에 담가 껍질을 제거하고 속살만 발라내어 작은 주사위 모양으로 준비하고, 애호박$^A$은 씨만 제거하여 토마토와 같은 크기로 준비한다. 토마토와 애호박을 섞어 팬에 살짝 볶아준다. 마지막으로 쿠스쿠스와 스코타시를 섞어 볶아준다.

**채소 가니시** 당근과 애호박$^B$, 무는 럭비공 모양으로 샤토썰기한 후 끓는물에 익혀 준비한다. 서브 전에 버터에 살짝 볶는다.

**프레젠테이션** 직사각형 몰드를 이용해서 쿠스쿠스를 접시에 담고 익은 양고기는 저민 후 쿠스쿠스 왼쪽에 펼쳐 담아주고 그 위에 스코타시를 뿌린다. 양고기 소스에 민트를 넣고 갈아서 주스를 만들어 마무리한다. 비타민으로 장식한다.

# TERRINE OF CONFIT DUCK AND FOIE GRAS, TOASTED BRIOCHE

## 콩피 오리와 푸아그라 테린, 토스트한 브리오슈

**오리와 푸아그라** 오리는 로즈마리와 타임, 소금으로 마리네이드한 후 오리 기름에 재워 100도의 오븐에 4시간 이상 서서히 익힌다. 푸아그라는 적당한 크기로 잘라 팬에 살짝 구워 준비한다. 다 익은 오리는 따뜻할 때 기름에서 빼내어 뼈를 발라내고 살을 잘게 찢어 준비한다. 여기에 오리 주스, 파슬리, 젤라틴을 섞어 골고루 간이 배게 만든다. 테린 몰드에 랩을 두르고 준비한 오릿살과 푸아그라를 차례대로 여러 번 반복해서 쌓은 후 무게가 있는 것으로 눌러 냉장보관한다.

**브리오슈** 브리오슈는 테린의 크기에 맞춰 자른 후 샐러맨더에서 노릇하게 굽는다.

**포트와인 소스** 오리 주스에 포트와인을 섞고 은근한 불에서 점성이 생길 때까지 졸여준다.

**프레젠테이션** 접시에 포트와인 소스를 뿌린 후, 테린을 사각형의 적당한 크기로 잘라 올리고 구운 브리오슈를 담는다. 어린 허브순은 올리브오일에 살짝 버무려 곁들인다.

# ROASTED SEA SCALLOP, CAULIFLOWER, CAPER, RAISIN, GRANNY SMITH, CURRY CREAM FOAM

**팬에 구운 관자와 케이퍼, 건포도, 사과 그리고 커리 크림 폼 소스**

관자 2조각
사과 10g
콜리플라워 10g
양파 10g
건포도 10g
케이퍼 3개
커리가루 1티스푼
얼그레이 티
(물 1L+얼그레이 티 20g)
우유 10ml
요리용 크림 10ml
버터

**관자** 뜨거운 팬에 노릇하게 굽는다.

**건포도, 사과, 케이퍼, 콜리플라워** 건포도는 따뜻한 얼그레이 티에 부드러워질 때까지 담가둔다. 사과는 채칼로 썰어 준비하고 케이퍼는 기름에 튀긴다. 콜리플라워는 꽃만 구워둔다.

**커리 크림 폼 소스** 팬에 버터를 두르고 큼직하게 썬 양파를 볶다가 크림과 우유를 넣고 익힌다. 익힌 소스는 블렌더로 간 다음 커리가루를 섞어 약하게 돌려 폼을 준비한다.

**프레젠테이션** 구운 관잣살을 접시에 놓은 다음 불린 건포도, 사과, 콜리플라워를 올리고 그 위에 폼을 뿌린다. 튀긴 케이퍼로 마무리한다.

# TARTAR OF SALMON, FLYING FISH ROE, LIME CREME FRAICHE, GAUFRETTE

연어 타르타르, 날치알, 라임 크림 프레시 그리고 구운 감자

연어 40g
감자 5g
다진 양파
날치알 10g
어린 허브순 약간
올리브오일

**[ 감귤 드레싱 ]**
오렌지주스 5ml
올리브오일 10ml
과일식초 3ml
소금, 후추

**[ 라임 크림 프레시 ]**
우유 200ml
프레시 크림 500ml
사워 크림 250ml
라임주스 100ml
라임 껍질 10g
소금 15g
설탕 10g

**연어** 기름이 적은 부분을 잘게 썰어 준비한다.

**감자** 잘게 썬 후, 벌집 모양의 고프렛으로 밀어 올리브오일에 튀긴다.

**라임 크림 프레시** 우유와 크림을 섞고 라임주스와 설탕, 소금을 첨가해 상온에서 이틀 정도 발효시키면 라임 크림 프레시가 된다. 마지막에 라임 껍질을 섞는다.

**감귤 드레싱** 드레싱용 믹싱볼에 오렌지 주스와 식초를 넣은 후 오일을 천천히 부으며 거품기로 잘 저어준다. 소금, 후추로 간을 한다.

**프레젠테이션** 스퀴즈바틀을 이용해 크림을 접시에 동그랗게 돌려준다. 연어에 소금과 후추로 적당한 간을 하고 다진 양파와 드레싱을 첨가한 다음 날치알을 섞고 원형 몰드를 이용해 모양을 잡아 크림 위에 올려준다. 튀긴 고프렛과 어린 허브순을 올려 마무리한다.

# Terrine of Confit Duck & Foie Gras, Port Reduction, Orange Caviar, Micros, Toasted Brioche

콩피 오리 테린과 푸아그라, 오렌지 캐비어와 포트 리덕션 그리고 브리오슈

푸아그라 10g
미니 비타민 3잎
브리오슈 10g
알진
칼식
오리주스 10ml
오렌지주스
포트와인 5ml
소금
설탕

**푸아그라** 핏줄을 제거한 후 소금과 설탕을 반반 혼합한 것에 염장시켜 랩으로 동그랗게 말아준다. 말아 준비한 푸아그라는 냉장에서 3시간 이하로 염장한 후 얼음물에 씻어 준비한다. 물기를 제거한 후 랩을 이용해 엄지손가락 두께로 동그랗게 말아 준비한다.

**포트 리덕션** 포트와인은 살짝 끓여 알코올을 날린 후 오리주스에 섞어 농도가 나올 때까지 졸인다.

**오렌지 캐비어** 오렌지주스에 알진과 칼식을 이용해 오렌지 캐비어를 준비한다.

**브리오슈** 색이 나게 샐러맨더에서 구워준다.

**프레젠테이션** 그릇에 포트 리덕션을 보기 좋게 찍어 그려주고, 그 위에 브리오슈를 올려준다. 나머지 공간에 푸아그라를 놓고 그 위에 오렌지 캐비어, 미니 비타민을 올려 마무리한다.

**저온에서 조리한 닭가슴살과 마늘 퓌레 그리고 메이플 향 은은한 당근**

**닭가슴살 120g**
**당근 40g**
**닭다리 콩피 10g**
**로즈마리, 타임 약간**
**치킨 주스**
**메이플 시럽 10ml**

**[ 마늘 퓌레 ]**
**양파 200g**
**마늘 500g**
**우유 1000ml**
**버터 60g**
**요리용 크림 300ml**
**설탕 2티스푼**

**마늘 퓌레** 양파는 가늘게 채 썰고 마늘은 잘게 부순다. 버터를 두른 팬에 양파를 색이 나지 않게 볶다가 부순 마늘을 넣고 다시 한번 볶아낸다. 설탕을 넣어 마늘의 아린 맛을 없앤다. 충분히 익으면 우유를 넣고 30분간 끓인 다음 크림을 첨가해 다시 한번 끓인다. 끓일 때 뚜껑을 덮으면 향과 맛이 깊어진다. 따뜻할 때 블렌더로 갈아 고운체에 걸러준다.

**닭가슴살** 허브(로즈마리, 타임)로 마리네이드한 후 진공포장하여 저온으로 25분간 조리한 다음 껍질만 팬에 색이 나게 굽는다.

**닭다리 콩피** p. 104 참조

**당근** 얇게 채를 쳐서 준비한다. 팬을 달군 다음 당근을 올리고 색이 나지 않게 익힌다. 메이플 시럽을 첨가해서 완전히 익혀준다.

**프레젠테이션** 접시에 퓌레를 동그랗게 그려 주고 그 위에 닭가슴살, 닭다리 콩피, 채 썬 당근 순으로 올린다. 로즈마리와 타임을 장식으로 올리고 마지막으로 치킨 주스를 뿌려 마무리한다.

# Braised Beef Brisket Stuffed Tenderloin Roulade with Potato Gnocchi, Broccoli, Truffle Oil

부드럽게 익힌 사태, 안심 콩피로 만든 룰라드, 감자 뇨키 그리고 송로버섯 오일

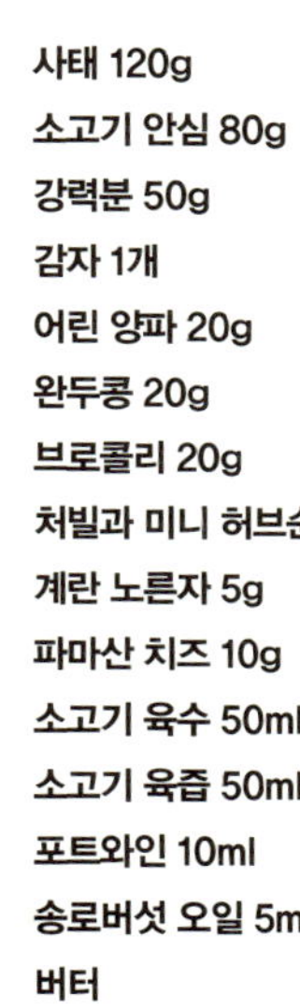

사태 120g

소고기 안심 80g

강력분 50g

감자 1개

어린 양파 20g

완두콩 20g

브로콜리 20g

처빌과 미니 허브순

계란 노른자 5g

파마산 치즈 10g

소고기 육수 50ml

소고기 육즙 50ml

포트와인 10ml

송로버섯 오일 5ml

버터

**사태, 소고기 안심 콩피** 사태는 소고기 육수에 담가 80도의 오븐에서 하룻밤 정도 익힌 다음 따뜻한 상태로 꺼내어 살을 발라 찢어놓는다. 안심에서 발라낸 기름을 냄비에 중불로 익혀 맑은 소고기 기름을 준비하여 안심을 70도의 소고기 기름 안에서 20분 동안 천천히 익힌다. 랩을 4겹 정도 펴놓고 사태를 평평하게 깐 후 그 위에 안심을 놓고 동그랗게 만다.

**뇨키** 감자를 구워 껍질을 제거하고 따뜻할 때 밀가루, 파마산 치즈, 계란 노른자를 섞어 반죽을 만든 뒤 동그랗게 성형을 하고 끓는 물에 살짝 삶는다.

**브로콜리, 완두콩, 어린 양파** 브로콜리를 살짝 데치고 완두콩과 어린 양파는 버터에 살짝 볶는다.

**주스** 사태를 익힌 소고기 육수에 소고기 육즙과 포트와인을 넣고 약불에 반으로 졸인다.

**프레젠테이션** 접시 가운데에 고기를 놓고 브로콜리, 완두콩, 어린 양파를 담은 다음 주스를 붓고 처빌과 미니 허브순을 올려 마무리한다.

# Pan Seared Red Snapper, Fennel Shaving, Crayfish, Olive Oil Pomme Puree, Roast Garlic Foam

**팬에 구운 적도미와 가재, 올리브오일 감자 퓌레**

**적도미 120g**

**가재 4조각**

**감자 20g**

**펜넬 20g**

**마늘 1쪽**

**소고기 육수 15ml**

**우유 5ml**

**요리용 크림 10ml**

**올리브오일 10ml**

**버터 10g**

**소금, 후추**

**적도미, 가재** 적도미는 깨끗이 손질하여 준비한 후 뜨거운 팬에 껍질 부분을 바삭하게 구워내고, 가재는 껍질을 제거한 후 버터포칭한다.

**감자 퓌레** 전분질이 많은 감자를 골라 깨끗이 씻은 다음 물에 삶는다. 완전히 익으면 껍질을 제거한 후 곱게 으깬다. 우유와 크림을 1:1 비율로 섞어 데운 다음, 따뜻한 감자와 크림, 우유를 혼합한 후 고운체에 내린다. 소금과 후추로 간을 한 후 버터를 녹여 체에 내린 재료와 섞는다. 접시에 올리기 전에 올리브오일을 가미해서 풍미를 낸다.

**펜넬** 펜넬은 얇게 슬라이스한 후 물에 담가둔다.

**폼** 마늘을 색이 나게 구운 후 소고기 육수와 크림을 함께 섞어 믹서에 간 다음 핸드 블렌더를 이용하여 폼을 올린다.

**프레젠테이션** 접시에 감자 퓌레를 깔고 가재, 적도미, 펜넬 순으로 올린 후 폼으로 마무리한다.

# CONFIT OF DUCK, POMME FONDANT, CRANBERRY COMPOTE, FOIE GRAS JUS

**오리 콩피와 타스마니아산 크랜베리 콩포트 그리고 푸아그라 소스**

**콩피 오리다리 200g**

**푸아그라 2g**

**감자 40g**

**크랜베리 20g**

**배추 10g**

**구운 마늘 4쪽**

**허브(타임, 로즈마리) 1줄기씩**

**오리 기름 200ml**

**오리 주스 10ml**

**버터 20g**

**설탕**

**[ 보태니컬 스파이스 ]**

**큐민**

**겨자씨**

**코리앤더씨**

**통후추(검은색, 하얀색, 분홍색)**

**정향**

**육각**

**콩피 오리다리** 보태니컬 스파이스를 잘게 갈아 준비한다. 오리다리는 잘 손질한 후 굵은 소금을 발라 3시간 정도 간이 배게 한 후 차가운 물로 헹군다. 물기를 제거한 오리다리는 곱게 간 보태니컬 스파이스에 12시간 마리네이드한다. 오리 기름에 마리네이드한 오리다리를 넣고 120도의 오븐에서 뼈가 쉽게 분리될 때까지 익힌다.

**오리기름** 가슴살과 다릿살을 제외한 나머지 부위를 중불로 끓이면 기름이 나온다.

**감자** 6×6cm의 정사각형으로 썰어 준비한다. 팬에 버터를 녹이고 타임과 로즈마리를 넣어 리퀴드를 만든 다음 준비된 감자를 넣고 색이 나게 조리한다.

**크랜베리, 배추, 마늘** 크랜베리는 버터에 볶아 신맛을 없애고, 배추는 얇게 썰어 함께 섞는다. 마늘은 버터에 볶다가 설탕을 첨가해 아린 맛을 없앤다.

**푸아그라 소스** 오리 주스에 푸아그라를 넣어 향미를 돋운다.

**프레젠테이션** 원형 몰드를 이용하여 크랜베리와 배추, 마늘을 깔고 그 위에 오리다리를 얹는다. 감자는 옆에 둔다.

# Roasted King Salmon, Bell Pepper Nage, Eel Beignet, White Bisque Foam



연어 120g

장어 5g

양파 10g

피망 20g

밀가루 1g

빵가루 2g

계란 1개

화이트 비스크 10ml

요리용 크림 5ml


[ 레몬 드레싱 ]

레몬즙 5ml

양파 썬 것 약간

과일식초 5ml

올리브오일 15ml

소금, 후추

**연어** 깨끗이 손질하여 준비한다. 팬을 달군 후 껍질을 바삭하게 굽고 팬에 있는 뜨거운 기름을 끼얹어가며 굽는다.

**피망 네이지, 양파** 피망은 껍질을 태운 후 속살만 발라내 길게 슬라이스하고 양파도 피망과 같은 크기로 준비한다. 팬을 달군 후 피망과 양파를 볶는다. 볶을 때 레몬 드레싱을 넣어 상큼함을 더한다.

**레몬 드레싱** 믹싱볼에 양파, 레몬즙, 과일식초를 넣고 오일을 천천히 부어가며 거품기로 저어준다. 소금, 후추로 간을 한다.

**장어** 적당한 크기로 잘라 밀가루, 계란, 빵가루 순서로 튀김옷을 묻혀 튀긴다.

**비스크 폼** 준비된 화이트 비스크에 크림을 첨가하고 핸드블렌더를 이용하여 폼을 만들어낸다.

**프레젠테이션** 피망 네이지, 구운 연어, 튀긴 장어 순으로 접시에 담고 비스크 폼으로 마무리한다.

# Canadian Lobster ravioli, Oceans Harmony, Fennel, Sauce Bouillabaisse

**캐나다산 바닷가재 라비올리와 해산물 부야베스 소스**

가재 40g

조개 10g

홍합 20g

빨간색 체리 토마토 2개

노란색 체리 토마토 2개

펜넬 10g

레몬 드레싱 10ml


[ 바닷가재 라비올리(10g) ]

파스타용 세몰리나 500g

강력분 500g

가잿살 40g

계란 5개

계란 노른자 5개

올리브오일

소금


[ 부야베스(20ml) ]

가재껍질 1kg

홍합, 조개 1kg

펜넬 1개

마늘 5쪽

토마토 2kg

대파 1kg

화이트와인 500ml

생선육수 3L

**라비올리** 파스타용 세몰리나와 강력분을 섞은 다음 계란 노른자 5개, 계란 5개, 약간의 올리브오일, 소금을 같이 치대어 반죽을 만든다. 손으로 계속 치대어 글루텐을 형성시키고, 랩으로 감싸 냉장으로 24시간 이상 보관한다. 가잿살은 잘게 다져 원형으로 볼을 만든다. 파스타 머신을 이용해서 편편한 도우를 만든다. 도우는 알맞은 크기로 잘라 해산물 볼을 넣고 원형의 라비올리를 만든다. 끓는물에 살짝 데쳐 준비해둔다.

**부야베스** 마늘, 대파, 펜넬을 잘게 썰어 볶는다. 적당히 익혀지면 토마토를 넣고 같이 볶는다. 다른 팬에 가재껍질, 홍합, 조개를 강불에 익히고 위의 팬에 같이 나준다. 화이트와인으로 디글레이징하고, 생선육수를 부은 다음 1시간 동안 끓여준다. 따뜻할 때 블렌더에 갈아 면보에 걸러 식힌 후 냉장보관한다.

**해산물, 체리 토마토** 가재, 조개, 홍합은 버터 포칭한다. 체리 토마토는 살짝 데쳐 얼음물에 담가 껍질을 제거한 후 슬라이스하여 준비한다. 해산물과 체리 토마토를 팬에 넣고 레몬 드레싱을 첨가해 강한 불에서 재빨리 익힌다.

**프레젠테이션** 익힌 해산물과 체리 토마토를 그릇에 넣고 익힌 라비올리를 얹는다. 펜넬을 올리고 부야베스 소스로 마무리한다.

# SLOW ROASTED LAMB LOIN, WAX POTATO, GREEN PEA VELVET, MASALA POWDER, MINT JUS

## 오븐에 천천히 익힌 양고기와 완두콩 벨벳, 마살라 파우더 그리고 민트 주스

양고기 안심 120g

어린 감자 50g

완두콩 10g

완두콩 벨벳 20g

민트잎

로즈마리

타임

민트 주스 10ml

양고기 소스 10ml

[ 마살라 파우더 ]

계피 5g

정향 5g

카다몸 2.5g

팔각 2.5g

후추 5g

큐민씨 5g

고수씨 5g

펜넬씨 5g

**양고기** 뼈와 기름기를 제거하고 허브와 오일을 이용해서 3시간 이상 마리네이드한다. 진공포장 후 수비드 쿠킹한다. 접시에 올리기 전 표면에 색이 날 정도로만 팬에 구운 후 3등분한다.

**어린 감자, 완두콩** 어린 감자는 삶아 4등분하여 준비하고, 완두콩은 끓는 물에 데친다.

**완두콩 벨벳** 완두콩 퓌레(p. 115 참조)를 다시 한번 곱게 체에 걸러 만든다.

**마살라 파우더** 레시피의 모든 드라이 스파이스를 갈아 준비한다.

**민트 주스** 양고기 소스를 끓여 준비하고 민트잎을 넣은 뒤 블렌더로 간다. 면보에 걸러 주스를 서브한다.

**프레젠테이션** 접시에 완두콩 벨벳을 수저를 이용하여 그려주고 감자와 완두콩을 한쪽에 얹어준다. 잘라둔 양고기를 올린다. 민트 주스와 마살라 파우더를 뿌려 마무리한다.

# Sous Vide Cooked Beef Tenderloin, Mushroom Paste, Puff Bread, Foie Gras, Creamy Spinach & Onion, Pepper Glaze

안심 웰링턴과 푸아그라 페퍼 소스

**안심 150g**
**오리간 20g**
**각종 버섯 20g**
**양파 5g**
**시금치 20g**
**타임**
**로즈마리**
**퍼프 페이스트리 한 조각**
**와인 10ml**
**소고기 주스 10ml**
**요리용 크림 10ml**
**통후추 2g**

**소고기 안심** 기름기 없는 살로만 깨끗이 손질하여 준비하고 기름은 모아서 끓여 리퀴드를 만든다. 70도로 맞춰진 기름에 안심을 천천히 20분간 익힌다. 천천히 익힌 안심은 센불에 표면만 다시 한번 굽는다.

**오리간** 강한 불에 팬을 달군 후 노릇하게 양쪽을 굽는다.

**버섯 뒤셀** 다양한 종류의 버섯을 잘게 다지고, 양파도 잘게 다진 다음 같이 섞어 볶는다. 와인을 넣고 알코올을 날린다. 허브(타임, 로즈마리)를 넣어 페이스트가 될 때까지 은근한 불에 볶는다. 약간의 크림을 넣어 마무리한다.

**시금치와 양파** 오일에 볶다가 크림을 넣어 졸인다.

**푸아그라 페퍼 소스** 소고기 주스와 통후추, 오리간을 섞어 블렌더에 갈아 만든다.

프레젠테이션 시금치를 깔고 안심, 팬에 구운 오리간, 버섯 뒤셀 순으로 올려주고 소스를 뿌린 후 퍼프 페이스트리를 덮어 마무리한다.

# Pan Seared Salmon, Crayfish Fricassee, Olive Oil Pomme Puree, Garlic Foam

**팬에 구운 연어와 가재 프리카세, 올리브오일 감자 퓌레**

연어 120g

가재 4조각

감자 100g

처빌 10g

마늘 1쪽

우유 5ml

소고기 육즙 10ml

요리용 크림 5ml

버터 10g

올리브오일 10ml

소금, 후추

**연어, 가재** 연어는 뜨거운 팬에 껍질부터 색이 나게 굽고, 가재는 버터에 익힌 후 육즙이 흥건하도록 팬에 굽는다.

**감자 퓌레** 감자는 푹 삶아 익혀 물기를 제거한 후 껍질을 벗겨 곱게 으깬다. 우유와 크림을 1:1 비율로 섞어 데운 다음 따뜻한 감자와 크림우유를 혼합한 후 고운체에 내린다. 소금과 후추로 간을 한 후 버터를 녹여 체에 내린 재료와 섞어 준비한다.

**마늘** 마늘은 구워 크림을 섞고 갈아 거품을 내어 사용한다.

**처빌 오일** 처빌과 오일을 블렌더에 갈아 준비한 후, 냄비에 약불로 끓여서 수분을 날린다. 면보에 걸러 오일만 사용한다.

**프레젠테이션** 감자 퓌레를 먼저 그릇에 담고 그 옆에 연어와 가재를 올린 후 마늘 폼을 올린 다음 처빌 오일을 뿌려서 마무리한다.

# Butter Poached Halibut, Bacon, Fried Bread, Mushroom Ragout, Brown Fish Jus

**버터에 익힌 광어와 베이컨, 버섯 라구 그리고 생선 브라운 주스**

광어 120g
감자 10g
버섯 30g
베이컨 1장
크루통 5g
올리브오일 1큰술


**[ 생선 브라운 주스(10ml) ]**
생선뼈 3kg
마늘 20g
양파 500g
타임과 로즈마리 4덩어리
생선육수 3L
소고기 육즙 7L
레드와인 1L
포트와인 750ml
통후추(흰색, 검은색, 빨간색) 50g

**광어** 깨끗이 손질하여 준비한 후 껍질 부분을 노릇하게 팬에서 굽는다.

**감자, 버섯, 베이컨** 감자는 얇게 저미며 기름에 튀기고 여러 가지 종류의 버섯은 같은 크기로 잘라 버터에 볶아준다. 베이컨은 바삭하게 구워 식힌 후 기름을 제거하고 곱게 다져 말려 준비한다.

**생선 브라운 주스** 생선뼈를 갈색이 될 때까지 굽는다. 뜨거운 팬에 통마늘을 반으로 잘라 굽는다. 양파는 캐러멜라이즈될 때까지 볶는다. 구운 생선뼈와 통마늘 그리고 양파에 허브(타임, 로즈마리)와 통후추를 첨가한다. 레드와인을 부어 디글레이징시킨다. 포트와인을 부어 반으로 졸인다. 2가지 육수(생선육수, 소고기 육즙)에 위의 재료를 넣고 끓인다. 30분 정도 끓이면서 불순물을 제거한다. 고운 면보에 걸러주고 약간의 점성이 생길 때까지 약한 불에 졸인다.

**프레젠테이션** 볶은 버섯, 구운 광어, 감자 칩, 크루통 순서로 접시에 담고 베이컨 파우더 소스로 마무리 한다.

# Slow Cooked Halibut, Bell Peppers, Carrot Nage, Eel, Mussel Chili Foam

**광어와 피망, 당근 네이지, 장어, 홍합 칠리 폼**

광어 120g

장어 20g

피망(파란색, 노란색, 빨간색) 30g

당근 40g

어린 허브순

올리브오일

[ 홍합 칠리 폼 ]

홍합육수 50ml

조개육수 50ml

파란 고추(매운 고추) 1개

요리용 크림 약간

**광어, 장어** 광어는 깨끗이 손질하여 준비하고 장어는 손질 후 샐러맨더에서 색을 내어 익힌다. 광어는 껍질 쪽을 먼저 노릇하게 굽고 팬에 있는 뜨거운 기름을 끼얹어가며 익힌다.

**홍합 칠리 폼** 홍합육수와 조개육수를 1:1 비율로 넣어 육수를 만든다. 약한 불에서 4분의 1이 될 때까지 졸인다. 매운 고추를 넣고 30분 정도 끓인 후 고운체에 걸러 핸드 블렌더로 거품을 낸다. 약간의 크림을 첨가하면 좀더 쉽게 폼을 얻을 수 있다.

**피망, 당근** 피망은 껍질을 태워 길게 자르고 당근은 동전 모양으로 썰어 물에 데친다.

**프레젠테이션** 그릇 한쪽에 둥근 몰드를 이용하여 피망 볶은 것을 깔고 그 위에 광어, 칠리 폼 순으로 마무리한다. 다른 쪽으로는 당근을 펼쳐 깔고 그 위에 장어, 어린 허브순으로 마무리한다.

# Lobster Ravioli & Crayfish,
# Sweet & Sour fennel, Lemongrass,
# Coconut Emulsion, Bacon Tomato Vinaigrette

**바닷가재 라비올리와 펜넬, 레몬그래스 코코넛 에멀션**

**바닷가재 라비올리 80g**
**각종 토마토 20g**
**야비 2개**
**레몬 식초 약간**
**펜넬 10g**
**베이컨 파우더 5g**
**버터**
**설탕**

**[ 레몬그래스 코코넛(10ml) ]**
**양파 100g**
**마늘 5쪽**
**코리앤더씨**
**레몬그래스 1개**
**코코넛 밀크 500ml**
**올리브오일**

**라비올리** p. 94 참조. 접시에 내기 전 라비올리는 4분 정도 삶아 따뜻하게 준비한다.

**레몬그래스 코코넛** 올리브오일에 양파, 으깬 마늘, 코리앤더씨를 볶는다. 레몬그래스를 거칠게 으깨어 혼합한다. 코코넛 밀크를 섞어 약한 불에 졸인다. 블렌더에서 빠른 속도로 2초 정도 두세 번 갈아준다. 레몬그래스를 건져내고 다시 한번 갈아준다. 면보에 걸러 준다. 접시에 올리기 전에 핸드 블렌더로 폼을 내어 사용한다.

**토마토, 야비, 펜넬** 토마토는 데친 다음 얼음물에서 껍질을 제거하고 슬라이스한다. 야비는 버터 포칭하여 준비한다. 토마토와 야비는 팬에 넣고 센불로 재빨리 볶아내는데, 볶을 때 레몬 식초를 혼합한다. 펜넬은 얇게 슬라이스한 후 설탕물에 담가 아린 맛을 없앤다.

**프레젠테이션** 레몬 식초를 혼합한 토마토와 야비를 그릇에 담고, 라비올리, 펜넬, 베이컨 파우더 순으로 담는다. 레몬그래스 코코넛 폼으로 마무리한다.

# Cajun Spicy Potato, Remoulade Sauce

## 케이준 스파이시 감자와 라물라드 소스

**감자 2개**

**[ 케이준 스파이시(10g) ]**
**칠리파우더 1/4컵**
**파프리카 파우더 1/4컵**
**양파 가루 1스푼**
**후추 1스푼**
**바질 1스푼**
**오레가노 1스푼**
**타임 2스푼**
**큐민씨 1/4스푼**

**[ 리물라드(50g) ]**
**마요네즈 1/2컵**
**겨자 1**
**오이피클**
**레몬주스**
**올리브오일**

**감자** 감자는 껍질째 초승달 모양으로 썰어 끓는물에 넣어 반정도 익었을 때 건져낸다.

**케이준 스파이시** 모든 스파이스를 블렌더로 갈아 준비한다.

**라물라드 소스** 믹싱볼에 모든 재료를 넣고 섞는다. 단, 차가운 상태에서 저어가며 섞는 것이 좋다.

**프레젠테이션** 삶아 익힌 감자는 180도의 기름에 바삭하게 튀긴 후 꺼내어 케이준 스파이시에 버무려 그릇에 담아낸다. 라물라드 소스는 따로 서브한다.

# Brioche Crumbled Calamari Ring, Spicy Tomato Jam

**브리오슈를 입혀 바삭하게 튀긴 오징어링과 스파이시 토마토 잼**

오징어 1마리

밀가루 50g

양파 20g

토마토 2개

계란 2개

믹스너트 20g

카옌페퍼 1작은술

말린 브리오슈 100g

발사믹 식초

**오징어링** 오징어는 몸통만 분리한 후 링모양으로 썰고, 믹스너트는 으깬다. 밀가루, 계란, 말린 브리오슈 순으로 옷을 입히되, 브리오슈는 으깬 믹스너트와 섞어서 함께 입힌다.

**스파이시 토마토 잼** 양파는 채썰고 토마토는 으깬다. 팬을 달군 후 채썬 양파를 볶다가 으깬 토마토를 넣어 수분이 없어질 때까지 볶는다. 뭉근하게 끓으면 블렌더에 간 후, 발사믹 식초와 카옌페퍼를 섞는다.

**프레젠테이션** 볼에 튀긴 오징어링을 담고, 잼은 따로 담아낸다.

CONFIT OF BEEF TENDERLOIN,
BUTTER POACHED YABBY, MUSHROOM,
POTATO GNOCCHI, PORCINI SOIL, JUS
콩피로 익힌 소안심, 버터에 부드럽게 익힌 가재, 버섯, 감자 뇨키, 포치니 소일 그리고 주스

**소안심 120g**

**가재 3마리**

**강력분 50g**

**감자 1개**

**마른 송이버섯 5g**

**새송이 버섯 30g**

**파슬리 조금**

**어린 허브순 조금**

**말린 브리오슈 10g**

**계란 노른자 5g**

**소고기 주스 10ml**

**생선육수**

**송로버섯 오일 2ml**

**소안심 콩피** 안심을 깨끗이 손질한 후, 잘라낸 지방은 냄비에 담아 중불로 익힌다. 기름이 65도가 되면 안심을 넣고 위, 아래 돌려가며 20분간 익힌다. 익힌 안심은 서브 직전 뜨거운 팬에 색이 나게 다시 한번 굽는다.

**버터에 익힌 가재** 가재는 껍질을 벗긴다. 버터와 생선육수를 1:1로 섞은 후 끓여서 버터 포칭 리퀴드를 만든다음 가재를 익힌다.

**감자 뇨키** 감자는 구워 껍질을 벗기고, 따뜻할 때 밀가루와 계란 노른자를 섞어 반죽을 만든 다음 동그랗게 성형하여 끓는물에 삶는다. 서브 직전에 뜨거운 팬에서 노릇하게 굽는다.

**포치니 소일** 마른 송이버섯과 말린 브리오슈를 블렌더에 간 후, 썰어놓은 파슬리와 송로버섯 오일을 넣고 섞는다.

**프레젠테이션** 긴 접시를 준비하고 왼쪽부터 소안심, 가재 순으로 올린다. 그 위에 버터에 볶은 포치니 소일을 가지런히 놓은 다음 감자 뇨키를 얹는다. 소고기 주스를 뿌리고 어린 허브순으로 마무리한다.

# MINI CORDON BLUE,
# MUSTARD MAYONNAISE

**미니 코르동 블루와 머스타드 마요네즈**

**돼지 안심 100g**
**슬라이스 햄 20g**
**강력분 50g**
**빨간색, 파란색 피망 각 1개**
**양파 20g**
**모차렐라 치즈 20g**
**계란 2개**
**빵가루 50g**
**발사믹 리덕션 10ml**
**소금, 후추**

**[ 머스타드 마요네즈 ]**
**홀그레인 머스타드 1스푼**
**잉글리시 머스타드 1스푼**
**마요네즈 3스푼**
**레몬즙**
**소금, 후추**

**코르동 블루** 돼지 안심은 20g씩 잘라 두들겨 얇게 편 후, 소금과 후추로 간을 한다. 피망과 양파는 길게 채썰어 팬에 볶아낸다. 돼지 안심을 펴고 볶은 피망, 양파, 모차렐라 치즈, 슬라이스 햄을 넣고 동그랗게 만다. 밀가루와 계란, 빵가루 순으로 옷을 입혀 기름에 튀겨낸다.

**발사믹 리덕션** 발사믹 식초를 약불에 끓여 점성이 생길 때까지 졸인다.

**머스타드 마요네즈** 두 가지 종료의 머스타드 마요네즈를 믹싱볼에 넣고, 거품기를 이용하여 골고루 섞어준다. 레몬즙을 첨가하고 소금, 후추로 간을 하여 준비한다.

**프레젠테이션** 머스타드 마요네즈를 바닥에 깔고 튀겨낸 코르동 블루는 사선으로 잘라 보기 좋게 넣어준다. 마지막에 색감을 주기 위해 녹색의 허브잎을 올린다.

sweets

### ROASTED PEANUT PUREE
**구운 땅콩 퓌레**

**땅콩 200g**
**땅콩오일 20ml**

땅콩을 황갈색이 될 때까지 오븐에서 굽는다. 식기 전에 푸드 프로세서에
넣고 곱게 간다. 땅콩오일을 조금씩 부어가며 뭉쳐서 페이스트가 될 때까
지 섞는다. 체에 걸러서 보관한다.


### RASPBERRY ROSE COULIS
**장미향 은은한 산딸기 쿨리**

**산딸기 퓌레 100g**
**장미수 5ml**
**잔탄검 0.25g**

핸드 블렌더로 산딸기 퓌레와 장미수를 잘 갈아서 섞는다. 섞을 때 잔탄검
파우더를 천천히 넣어준다. 잔탄검이 섞여서 끈적해질 때까지 간 뒤에 고운
체에 거른다.


### CHOCOLATE GANACHE
**초콜릿 가나슈**

**밀크초콜릿 75g**
**생크림 225g**
**버터 40g**
**전화당 45g**

초콜릿을 중탕하여 녹인다. 생크림과 전화당을 끓인 뒤 녹인 초콜릿과 섞는
다. 재료의 온도가 40도가 되면 실온에 녹인 버터를 넣고 섞어준다.

## PISTACHIO CHANTILLY
### 피스타치오 샹틸리

**생크림 125g**
**피스타치오 페이스트 12g**
**분당 10g**

피스타치오 페이스트에 생크림을 섞어 부드럽게 만든다. 얼음물 위에 믹싱볼을 얹고 단단한 크림이 나올 때까지 거품기로 저어준다. 거품이 꺼지지 않도록 분당을 조심스럽게 섞어준다.


## BUTTER CREAM
### 버터 크림

**계란 1개**
**물 45ml**
**버터 250g**
**설탕 130g**

설탕과 물을 섞은 후 112도까지 끓인다. 거품기를 이용해 거품을 내둔 계란을 앞의 재료에 섞어 식을 때까지 거품을 내준다. 주사위 모양으로 잘라둔 버터를 조금씩 넣어가며 풍성한 크림이 나올 때까지 거품기로 섞어준다.

＊커피 버터 크림은 크림에 차가운 에스프레소를 섞어주면 된다.


## MILK CHOCOLATE CREAM
### 밀크 초콜릿 크림

**생크림 100g**
**전화당 10g**
**다크 초콜릿 165g**
**실온에 녹인 버터 20g**

냄비에 전화당과 생크림을 넣고 끓인다. 끓는 냄비에 초콜릿을 넣어 잘 녹여준다. 불에서 내린 뒤 40도까지 온도가 내려가면 녹인 버터를 넣고 핸드 블렌더로 잘 섞어준다. 선선한 곳에서 하룻밤 정도 보관해서 결정화시킨다.

# Chocolate Croquant
초콜릿 크로캉

다크 초콜릿 80g
글루코스 80g
퐁당 180g

글루코스와 퐁당을 녹인 후 155도까지 끓인다. 불에
서 내려 130도까지 식힌 뒤 잘게 썬 다크 초콜릿을 넣
고 섞는다. 실리콘 패드 위에 앞의 재료를 붓고 또 하
나의 실리콘 패드를 덮어 넓게 편다. 밀폐용기에 담
아 보관한다. 필요할 때마다 사용한다.

PINEAPPLE SUGAR GARNISH
파인애플 가니시 · 파인애플 튜일

파인애플 1/2개
이소말트 100g
분당 30g

파인애플 껍질을 벗기고 2mm 두께로 썬다. 코팅된
팬에 분당을 뿌리고 파인애플을 놓는다. 80도의 오븐
에서 4시간 동안 말린다. 실리콘 패드에 이소말트를
뿌린 뒤 말린 파인애플을 놓는다. 또 다른 실리콘 패
드로 위를 덮은 뒤 200도의 오븐에서 5분간 굽는다.
식힌 뒤 밀폐용기에 담아 상온에서 보관한다.

## Pat
팥

**통팥 225g**
**물**
**소금 2g**
**설탕 240g**

통팥을 하룻밤 물에 담가 불린다. 냄비에 팥이 잠길 만큼의 찬물과 팥을 넣고 센불에서 끓인다. 끓으면 10분간 약불에서 익힌 후 물을 따라내고는 다시 찬물을 1L 넣고 약불에서 한 시간 동안 푹 끓인다. 설탕과 소금을 넣고 섞어 준다.

**Popcorn**
팝콘

**팝콘용 옥수수 50g**
**옥수수 기름 15g**

깊이가 있는 냄비에 오일과 팝콘용 옥수수를 넣는다. 뚜껑을 닫고 중불에
서 냄비를 가열한다. 중간중간 냄비를 흔들어주면서 가열한다. 3초 간격으
로 팝콘이 튀겨지는 소리가 나면 불에서 내린다.

## PATE SUCRE

### 슈거 쿠키

박력분 225g
레몬 껍질 1조각
계란 45g
우유
버터 120g
소금 2g
분당 85g

분당과 박력분, 소금과 레몬 껍질을 믹싱볼에 섞는다. 스탠딩 믹서에 비타를 단 후 거친 반죽이 나올 때까지 저속으로 섞어준다. 섞은 반죽에 계란과 우유를 조금씩 넣어 반죽이 부드럽게 될 때까지 잘 섞어준다. 반죽을 얇게 편 뒤 2시간 동안 냉장고에서 휴지시킨다. 3mm 두께로 민 뒤에 원하는 크기로 잘라 175도의 오븐에서 10분간 굽는다.
슈거 쿠키 도우를 2mm 두께로 밀어 10×10cm 정사각형 모양으로 자른다. 175도로 예열된 오븐에서 12분간 황갈색이 될 때까지 굽는다.

## BISCUIT JOCONDE

### 아몬드 스펀지

박력분 60g
아몬드 가루 270g
계란 125g
계란 흰자$^A$ 30g
계란 흰자$^B$ 100g
계란 노른자 50g
물 30ml
버터 205g
설탕 20g
분당 270g

분당과 아몬드 가루를 믹싱볼에 넣고 잘 섞는다. 여기에 계란 흰자$^A$를 위의 재료에 섞어 반죽을 만든다. 계란과 계란 노른자를 조금씩 넣어주며 물을 넣어 거품기를 사용해 상아색이 날 때까지 잘 섞는다. 다른 믹싱볼에 계란 흰자$^B$와 설탕을 넣고 머랭을 만든다. 앞의 볼에 머랭을 섞는다. 이때 거품이 꺼지지 않도록 조심스럽게 섞는다.
체에 내린 박력분을 거품이 꺼지지 않도록 위의 재료에 조심스럽게 섞는다. 녹인 버터도 조심스럽게 섞는다. 200도로 예열한 오븐에서 반죽을 7분간 구워낸다.

## PUFF PASTRY
**파이 반죽, 파이지**

**강력분** 300g
**중력분** 300g
**계란** 70g
**물** 260ml
**버터**<sup>A</sup> 70g
**버터**<sup>B</sup> 500g
**소금** 12g

강력분과 중력분, 소금, 계란, 물을 섞어 반죽을 만든다. 반죽에 버터A를 넣고 잘 섞은 다음 냉장고에서 1시간 동안 휴지시킨다. 버터B를 정사각형 모양으로 만든 뒤 휴지시킨 도우로 감싸 2번 접어 펴준다. 휴지를 반복하며 3회간 2번 접기를 하여 81층의 파이지를 만들고 원하는 두께와 모양으로 잘라둔다.

# WHITE CHOCOLATE
# WITH BRANDY PRALINE FILLING

**브랜디 필링이 들어간 화이트 초콜릿**

**생크림 75g, 물엿 60g, 프라린 페이스트50% 250g**
**코코아버터 60g, 브랜디 33ml**

생크림과 물엿을 86도로 끓인다. 코코아버터를 40도로 녹인 뒤 프라린 페이스트를 넣는다. 두 재료를 섞어 거품기로 잘 저어준다. 여기에 브랜디를 넣은 다음 30도로 식혀 준비된 화이트 초콜릿 셸에 부어서 굳힌다.

**화이트 초콜릿(셸용)** 초콜릿을 템퍼링하여 화이트 초콜릿 셸을 만든다. 초콜릿이 윤기가 흐르도록 템퍼링을 할 때 중탕으로 하여 42도 정도까지 높여 나무 주걱을 이용해 녹인 다음 다시 얼음물에 담가 27도까지 내려준다. 이때 초콜릿이 굳지 않도록 주걱으로 계속 저어주며 여러 번 얼음물에서 담갔다 꺼내기를 반복하는 것이 중요하다. 식은 초콜릿은 다시 중탕으로 28~29도가 될 때까지 온도를 올린다. 온도가 올라가면 초콜릿 몰드에 부어 1분 정도 두었다가 다시 볼에 부어 얇은 셸을 만들고 굳을 때까지 그대로 둔다.

# MACARON WITH MATCHA GANACHE FILLING

녹차 가나슈가 들어간 마카롱

## MACARON
**마카롱**

아몬드가루 150g
분당 150g
계란 흰자$^A$ 55g
계란 흰자$^B$ 55g
물 40ml
설탕 150g

아몬드가루와 분당을 계란 흰자$^A$와 잘 섞어 페이스트 상태를 만든다. 설탕과 물을 섞어 118도까지 끓인 후 계란 흰자$^B$를 휘핑하면서 서서히 부어준다. 미리 만들어둔 페이스트 상태의 재료와 섞어 부드러운 마카롱 반죽을 만든다. 짤주머니를 이용해서 적당한 크기로 짠 후 160도 오븐에서 15분 정도 굽는다.

## MATCHA GANACHE FILLING
**녹차 가나슈**

화이트 초콜릿 312g
트리몰린 22g
녹찻가루 3.5g
청주 22m
생크림 150g

생크림과 트리몰린을 냄비에 넣고 끓인 다음 녹찻가루를 넣고 다시 한 번 끓인다. 화이트 초콜릿에 부어 잘 섞은 후 40도까지 식혀 청주를 넣고 잘 섞어준다.

### 플레이팅

구워낸 마카롱 사이에 녹차 가나슈를 짜서 샌드위치 형태로 만들어 마카롱을 완성한다.

# Raspberry Cinnamon Pate de Fruit



산딸기 퓌레 250g, 계핏가루[A] 5g, 계핏가루[B] 10g
팩틴 7g, 레몬즙 2g, 물엿 60g,
설탕[A] 28g, 설탕[B] 270g, 설탕[C] 500g, 물 2ml

팩틴과 설탕[A]을 잘 섞어 덩어리지지 않도록 한다. 산딸기 퓌레와 물엿을 50도로 가열한 다음 앞의 재료를 넣고 다시 한번 섞어 불에 올린다. 끓기 시작하면 설탕[B]과 계핏가루[A]를 넣고 잘 저어준다. 106도가 되면 레몬즙과 물을 넣어 1분간 더 가열한 후, 준비된 틀에 부어 젤리를 만든다. 젤리가 굳으면 설탕[C]과 계핏가루[B]를 섞은 가루에 굴려 마무리한다.

# Opera

오페라 케이크

## ALMOND SPONGE
### 아몬드 스펀지

60×40cm 크기로 잘라진 3장의 스펀지를 준비한다

## COFFEE SYRUP
### 커피 시럽

**에스프레소 300g**
**물 50ml**
**설탕 50g**

물을 끓인 뒤 설탕을 부어 녹인 다음 에스프레소를 넣어 식힌다.

## ETC

**커피 버터 크림 150g(p.190 참조)**
**초콜릿 시럽**

스펀지를 커피 시럽에 적신 후 깐다. 100g의 커피 버터 크림을 바른 뒤 다른 스펀지를 깐다. 이를 다시 한 번 반복한다. 나머지 50g의 버터 크림을 위에 펴 바른 후 식힌다. 초콜릿 시럽을 케이크 위에 뿌린다. 3×3cm의 크기로 자른다.

# Dark Chocolate Cinnamon Tart, Cinnamon Sable, Rose Jelly, Raspberry Coulis, Pistachio Chantilly

**계피 향 은은한 최상급 다크 초콜릿 타르트와 피스타치오 샨틸리**

### Cinnamon Sable Tart Dough
**계피 향 은은한 타르트 반죽**

박력분 80g
아몬드가루 25g
계핏가루 1g
계란 12개
버터 50g
소금 0.5g
분당 25g

믹싱볼에 체에 거른 박력분, 아몬드 가루, 계피가루, 소금, 주사위 모양으로 자른 버터를 넣고 포크를 사용해 거칠게 반죽한다. 분당을 체에 거른 다음 섞어준다. 마지막으로 계란을 넣고 섞어 반죽을 만든다.
반죽을 플라스틱 랩에 감아 2시간 동안 휴지시킨 다음 3mm두께로 민다. 2cm높이의 원형 세이클 틀에 반죽을 깔고 윗면을 깔끔하게 잘라내어 160도로 예열된 오븐에서 20분간 굽는다.

### Dark Chocolate Cinnamon Filling
**계피 향 은은한 다크 초콜릿 크림**

생크림 50g
다크 초콜릿 45g
계핏가루 1g
버터 10g
콘 시럽 5ml

생크림과 계핏가루, 콘 시럽을 중간 불로 86도까지 끓인 뒤 다크 초콜릿과 함께 섞는다. 섞은 재료를 40도까지 식힌 뒤 실온에 녹인 버터를 넣어 다시 한번 잘 섞는다. 준비된 타르트 위에 붓고 굳힌다.

**플레이팅**

### Rose Jelly
**장미 젤리**

젤라틴 0.5g
물 18ml
장미수 1ml
꿀 5g

물과 장미수, 꿀을 섞어 낮은 불에서 데운 뒤 물에 불린 젤라틴을 넣어 완전히 녹인다. 사각형 팬에 재료를 부어서 식힌 뒤 굳힌다. 원하는 사이즈로 잘라서 냉장보관한다.

### Raspberry Rose Coulis
**산딸기 장미 쿨리** 3g(p.189 참조)

### Pistachio Chantaly
**피스타치오 샨틸리** 5g(p.190 참조)

초콜릿 타르트를 접시에 놓은 뒤 초콜릿으로 장식한다. 장미 젤리를 얹고 산딸기 장미 쿨리를 장미 젤리 위에 장식한다. 피스타치오 샨틸리를 접시 위에 담는다.

# LEMON OLIVE OIL CAKE, CRUNCHY GINGER MERINGUE, MILK CHOCOLATE CREAM, RASPBERRY ROSE COULIS

레몬 올리브오일 케이크, 바삭한 생강 머랭, 밀크 초콜릿 크림, 장미 향 은은한 산딸기 쿨리

### LEMON OLIVE OIL CAKE
레몬 올리브오일 케이크

중력분 85g
베이킹파우더 2.5g
레몬 껍질 간 것 5g
계란 100g
레몬즙 7g
우유 23g
녹인 버터 55g
올리브오일 110g
설탕 95g

중력분과 베이킹파우더는 체에 쳐서 잘 섞는다. 믹싱볼에 설탕과 레몬 껍질 간 것을 넣고 잘 비벼서 레몬 향이 설탕에 잘 스며들도록 한다. 여기에 계란을 넣고 상아색이 날 때까지 거품기로 섞은 다음 우유를 넣어 다시 한번 섞는다. 믹싱볼에 체에 친 중력분과 베이킹파우더, 레몬즙, 버터와 올리브오일을 넣고 가볍게 섞어 반죽을 완성한다.
빵틀에 버터를 바른 후 반죽을 넣고 170도의 오븐에서 30분간 굽는다. 케이크가 식으면 원하는 크기로 잘라둔다.

### CRISPY GINGER MERINGUE
바삭한 생강 머랭

계란 흰자 50g
생강가루 2g
설탕 50g

믹싱볼에 계란 흰자와 생강가루, 설탕을 넣은 뒤 잘 저어 재료들이 60도가 될 때까지 중탕한다. 중탕한 재료를 불에서 내린 뒤 단단해질 때까지 거품기로 잘 쳐준다. 짤주머니를 이용해 원하는 모양을 낸 뒤 80도로 예열된 오븐에서 4시간 동안 굽는다. 공기가 닿으면 눅눅해지기 때문에 밀폐용기에 보관한다.

### MILK CHOCOLATE CREAM
밀크 초콜릿 크림 15g(p. 190 참조)

### RASPBERRY ROSE COULIS
장미 향 은은한 산딸기 쿨리
3g(p. 189 참조)

#### 플레이팅

붓을 이용해 접시에 소스를 그려준다. 두 개의 레몬 올리브오일 케이크 사이에 머랭을 넣어 샌드위치를 만든다. 밀크 초콜릿 크림을 럭비공 모양으로 만들어 접시에 담는다. 다른 모양으로 만든 머랭과 산딸기 쿨리를 사용해 마무리한다.

# Vanilla Mousse, Crunchy Chocolate, Pineapple Carpaccio, Lemon Vanilla Dressing

바닐라 무스와 파인애플 카르파치오, 크런치 초콜릿

### Vanilla Mousse
바닐라 무스

**젤라틴 9g**
**바닐라빈 1/2개**
**계란 노른자 96g**
**우유 100g**
**요리용 크림 100g**
**생크림 560g**
**설탕 96g**

우유와 요리용 크림, 바닐라빈을 냄비에 넣고 끓인다. 믹싱볼에 설탕과 계란 노른자를 넣고 잘 섞어준 뒤 냄비에 넣고 중불로 83도가 될 때까지 잘 저어준다. 다음으로 물에 불린 젤라틴을 넣어 잘 섞어준 뒤 체에 거른다. 차게 식힌 뒤 거품 친 생크림을 넣어 잘 섞는다. 재료를 돔 모양 틀에 넣은 뒤 얼린다.

### Crunchy Chocolate
크런치 초콜릿

**플로렌틴 110g**
**다크 초콜릿 50g**
**밀크 초콜릿 85g**
**프랄린 페이스트 50% 50g**

두 가지 초콜릿과 프랄린 페이스트를 냄비에 넣고 중불에 잘 녹인다. 녹인 재료에 플로렌틴을 넣어 섞어준다. 돔모양 틀에 살짝 펴바른 뒤 굳힌다. 초콜릿이 굳으면 틀에서 떼어낸다.

### Vanilla Lemon Dressing
바닐라 레몬 드레싱

**바닐라빈 1/4개**
**물 5ml**
**레몬즙 10g**
**설탕 25g**

냄비에 설탕과 바닐라빈, 물을 넣은 다음 끓여준다. 불에서 내린 뒤 바닐라향이 우러나도록 뜸을 들인다. 식으면 레몬즙을 넣어준다.

### Etc
**파인애플 저민 것 50g**
**민트잎 1장**
**파인애플 튜일 · 가니시 1장(p.193 참조)**

### 플레이팅

얇게 저민 파인애플을 접시에 깔끄고 위에 바닐라 레몬 드레싱을 뿌려준다. 크런치 초콜릿을 파인애플 위에 얹고, 바닐라 무스를 크런치 초콜릿 위에 조심스럽게 얹는다. 민트잎과 파인애플 튜일로 장식한다.

# Coconut Mousse, Bruleed Banana, Brown Sugar Almond Streusel, Coconut Tuile, Salted Caramel Sauce

캐러멜 바나나와 코코넛 무스 그리고 아몬드 슈트로이젤

## Coconut Mousse
### 코코넛 무스

**코코넛 우유 25g**
**계란 노른자 15g**
**생크림 30g**
**설탕 10g**

냄비에 코코넛 우유를 넣고 86도로
가열한다. 다른 냄비에 설탕과 계란
노른자를 넣고 거품기로 잘 섞어준
다. 두 가지 재료를 잘 섞은 뒤 다시
불에 올려 78도가 될 때까지 가열한
다. 실온에서 식힌 뒤 체에 곱게 거른
다. 거품을 낸 생크림을 섞어준다.



바나나를 길게 썰어 올리고 설탕을 뿌린 뒤 불에 그을려 캐러멜라이즈한다.
코코넛 무스를 짤주머니를 이용해 접시에 짠다. 코코넛 무스 사이사이에 코코
넛 튜일을 끼우고 아몬드 슈트로이젤을 무스 위에 올린다. 캐러멜 소스로 마
무리한다.

## Brown Sugar Almond Streusel
### 아몬드 슈트로이젤

**중력분 100g**
**아몬드가루 100g**
**버터 100g**
**황설탕 100g**
**소금 1g**

황설탕, 아몬드가루, 중력분, 버터,
소금을 잘 섞은 뒤 냉장고에서 차게
식힌다. 작은 덩어리로 나눠서 175
도의 오븐에서 10분간 굽는다. 충분
히 식힌 뒤 원하는 크기로 잘라서 밀
폐용기에 보관한다.

## Coconut Tuile
### 코코넛 튜일

**채 썰어서 말린 코코넛 과육 100g**
**물엿 20g**

코코넛 과육과 물엿을 잘 섞어서 실
리콘 패드 위에 얇게 펴 바른다. 160
도의 오븐에서 10분간 구워준다. 식
으면 원하는 크기로 자른다.

## Salted Caramel Sauce
### 캐러멜 소스

**생크림 70g**
**버터 45g**
**황설탕 10g**
**설탕 135g**
**소금 1g**

냄비에 생크림과 소금을 넣고 미지
근하게 데워 크림을 만든다. 다른
냄비에는 설탕과 황설탕을 넣고 약
한 불에 녹여서 캐러멜을 만든다.
캐러멜이 진한 갈색이 되면 불에서
내린 뒤 데운 크림과 함께 섞는다.
크림이 식기 시작하면 실온에 녹인
버터를 넣어서 캐러멜 소스를 완성
한다. 식힌 뒤 보관한다.

## Etc

**바나나 1개**

# Drunken Plums, White Chocolate Truffle Cream, Caramelized Puff Pastry, Toasted Walnuts, Chocolate Sauce, Ginger Ice Cream

**술에 절인 자두, 화이트 초콜릿 송로버섯 크림, 파이 스틱, 구운 호두, 초콜릿 소스, 생강 아이스크림**

## Drunken Plums
**술에 절인 자두**

자두 170g
레몬껍질 1조각
생강 20개
매실주 40ml
레몬즙 7ml
소금 0.5g
흑설탕 50g

자두는 씨앗을 제거하고 4등분하여 준비한다. 생강은 2mm 두께로 자른다. 믹싱볼에 흑설탕, 생강, 레몬 껍질, 매실주, 리몬즙과 소금을 넣고 섞은 후, 자두를 넣고 다시 한번 잘 섞어준다. 뚜껑을 덮은 뒤 냉장고에서 6시간 동안 재운다. 사용 전에는 물기를 제거한다.

## White Chocolate Truffle Cream
**화이트 초콜릿 송로버섯 크림**

화이트 초콜릿 125g
생크림 250g
송로버섯 오일 20ml

냄비에 생크림을 끓인 다음 화이트 초콜릿을 넣고 녹인다. 완전히 녹을 때까지 잘 섞은 후, 송로버섯 오일을 넣어 잘 저어준다. 얼음물을 이용해 초콜릿을 식힌 후 하룻밤 냉장한다. 크림이 단단해질 때까지 거품기를 사용해 잘 섞어준다.

## Ginger Ice Cream
**생강 아이스크림**

생강 20g
우유 155g
생크림 50g
물엿 12g
계란 노른자 20g
전지분유 12g
설탕 42g

냄비에 다진 생강과 생크림, 우유를 넣고 끓인다. 끓기 시작하면 불에서 내려 실온에 두고 생강을 우려낸다. 믹싱볼에 계란 노른자와 설탕을 넣고 거품기로 잘 섞어준다. 끓인 크림 우유를 고운체에 밭쳐 생강을 걸러내고 중불로 다시 끓인다. 섞어둔 설탕과 계란에 전지분유를 넣고 뜨거운 크림을 섞어 83도가 될 때까지 잘 저어준 다음 하룻밤 동안 식힌다. 식힌 크림을 파코젯이라는 기계로 믹싱한 뒤 냉동고에서 24시간 얼려서 사용한다.

## Caramelized Puff Pastry
**파이 스틱**

파이지(p. 197 참조)
분당 10g

파이지를 4mm 두께로 밀어 분당을 뿌린다. 준비한 파이지를 냉동시킨 뒤 7조각으로 자른다. 200도로 예열된 오븐에서 10분간 굽는다.

## Toasted Walnut
**구운 호두**

호두 1kg

호두를 180도로 예열된 오븐에서 10분간 굽는다.

### Chocolate Sauce
**초콜릿 소스**

**다크 초콜릿 40g**
**코코아 파우더 15g**
**물 30ml**
**물엿 24g**
**생크림 64g**
**설탕 40g**

생크림, 물엿, 물과 설탕을 냄비에
넣고 데운다. 체에 친 코코아 파우더
를 냄비에 더한 후 끓인다. 초콜릿을
믹싱볼에 넣은 다음 냄비에 끓인 재
료를 부어 초콜릿이 녹을 때까지 잘
섞어준다. 섞은 재료를 고운체에 거
른 뒤 냉장보관한다.

### Mint
**민트**

**민트잎 20g**

민트잎을 다듬어 찬물에 담가둔다.

### 플레이팅

접시에 초콜릿 소스를 뿌린다. 화이
트 초콜릿 크림을 짤주머니를 이용
해 접시 위에 담는다. 자두를 화이트
초콜릿 크림 위에 얹은 다음 아이스
크림을 얹는다. 호두를 뿌리고 파이
스틱으로 장식한 후 민트잎으로 마
무리한다. 자두를 절이고 남은 술은
냄비에 넣고 약불에서 10분간 졸여
소스로 만들어 아이스크림과 함께
서빙하면 좋다.

## Mango Iced Parfait, Mango Jelly, Sugar Dough, Lemon Olive Oil Cake, Chocolate Croquant, Raspberry Rose Coulis, Roasted Peanut Puree

**망고 아이스 파르페, 레몬 올리브오일 케이크와 초콜릿 크로캉, 산딸기 장미 쿨리 그리고 구운 땅콩 퓌레**

### Mango Jelly
**망고 젤리**

**망고 퓌레 200g**
**물엿 50g**
**젤라틴 3g**

망고 퓌레 100g과 물엿을 넣고 가열한 뒤 물에 불린 젤라틴을 넣는다. 젤라틴이 다 녹으면 나머지 100g의 망고 퓌레를 넣어 잘 섞어준다. 식으면 틀에 붓고 얼린다. 파르페를 만들 때 사용한다.

### Lemon Olive Oil Sponge
**레몬 올리브오일 케이크 (p. 207 참조)**

구워둔 레몬 올리브오일 케이크를 6×6cm의 정사각형 모양으로 잘라둔다.

### Mango Iced Parfait
**망고 아이스 파르페**

**망고 퓌레 300g**
**젤라틴 3g**
**계란 흰자 75g**
**휘핑크림 500g**
**말리부 럼 50g**
**설탕$^A$ 100g**
**설탕$^B$ 60g**

계란 흰자는 거품을 낸다. 설탕$^A$과 물을 섞어 110도로 가열한 뒤 거품 낸 흰자에 조금씩 부어가며 이탈리안 머랭을 만든다. 망고 퓌레와 설탕$^B$을 섞어 머랭과 함께 섞는다. 말리부 럼을 불에 가열하고 물에 불린 젤라틴을 넣어 섞는다. 머랭 반죽과 가열한 말리부 럼, 젤라틴을 모두 섞은 뒤 가볍게 거품 낸 휘핑크림을 넣고 다시 섞어 망고 크림을 만든다. 미리 만들어서 사각형 틀에 부어 얼려둔 망고 젤리 위에 망고 크림을 부어서 2cm 높이의 파르페를 만든 후 얼린다. 10×10cm 정사각형으로 잘라놓는다.

### Etc
**초콜릿 크로캉(p. 192 참조)**
**슈가 쿠키(p. 196 참조)**

**플레이팅**

슈거 쿠키를 접시에 놓는다. 슈거 쿠키 위에 망고 아이스 파르페를 놓는다. 실온에 둔 레몬 올리브 오일 케이크를 파르페 위에 얹는다. 산딸기 장미 쿨리(p. 189 참조)를 뿌리고 구운 땅콩 퓌레(p. 189 참조)와 초콜릿 크로캉을 이용해 장식한다.

# Cocoa Nib Gateau, Dark Chocolate Mousse, Candied Cocoa Nibs, Pine Nut Puree, Espresso Granita

코코아 닙 가토와 다크 초콜릿 무스, 대추, 잣 퓌레와 에스프레소 그라니타

## Cocoa Nib Gateau
**코코아 닙 가토**

**얇은 아몬드 스폰지(p. 196 참조) 1장**
**(60×40cm)**
**구운 코코아 닙 50g**
**대추 퓌레 70g**
**초콜릿 가나슈 100g**
**버터 크림 100g**

같은 크기로 잘라진 3단의 아몬드 스펀지를 준비한다. 첫 단의 스펀지 위에 버터 크림과 대추 퓌레 순으로 바른 뒤 구운 코코아 닙 25g을 뿌린다. 두번째 스펀지를 얹고 누른 뒤 초콜릿 가나슈와 나머지 25g의 코코아 닙을 뿌린다. 마지막 스펀지를 얹어 누른 다음 냉동시킨다.

## Dark Chocolate Glaze
**초콜릿 글레이즈**

**다크 초콜릿 300g**
**식용유 40g**

초콜릿을 중탕하여 녹인다. 녹인 초콜릿에 식용유를 섞은 뒤 코코아 닙 가토 위에 뿌리고 얇게 펴바른다.

## Chocolate Mousse
### 초콜릿 무스

**다크 초콜릿 112g**
**계란 85g**
**물 15ml**
**거품 낸 휘핑크림 190g**
**설탕 35g**

냄비에 설탕과 소량의 물을 넣고 120도까지 끓여 시럽을 만든다. 믹싱볼에 계란을 넣고 거품기로 잘 섞어준다. 거품 낸 계란에 뜨거운 설탕시럽을 조금씩 부어주며 완전히 식을 때까지 계속 거품을 낸다. 초콜릿을 녹인 뒤 거품을 내둔 후 크림을 섞어준다. 완전히 섞이면 공기가 빠져나가지 않도록 초콜릿 크림과 믹싱볼의 거품낸 재료를 조심스럽게 섞어 준비한다.

## Candied Cocoa Nibs
### 코코아 닙 캔디

**코코아 닙 50g**
**물 5g**
**설탕 5g**

냄비에 설탕과 물을 넣고 끓인 뒤 코코아 닙을 넣는다. 불을 줄이고 캐러멜라이즈될 때까지 섞은 뒤 철판에 펴 바르고 식힌다.

## Pine Nut Puree
### 잣 퓌레

**잣 200g**
**올리브오일 20g**

잣을 180도의 오븐에서 5분간 굽는다. 푸드 프로세서에 구운 잣을 넣고 곱게 갈아준다. 올리브오일을 조금씩 넣어 더 잘게 간 뒤에 고운체에 내린다.

## Dates Puree
### 대추 퓌레

**대추 200g**
**물 250g**
**설탕 50g**

대추 씨앗을 모두 제거한다. 설탕을 넣어 끓인 물에 대추를 넣고 하루 동안 불린다. 설탕물을 따라내고 대추만을 걸러 푸드 프로세서에 곱게 간 뒤 고운체에 거른다.

## Espresso Granita
### 에스프레소 그라니타

**에스프레소 200g**
**설탕 16g**
**소금 1g**

모든 재료를 잘 섞어둔 뒤 사각 팬에 넣고 냉동실에 넣어 얼린다. 완전히 얼 때까지 20분 간격으로 표면을 긁어주며 그라니타를 만든다.

### 플레이팅

케이크를 스틱 모양으로 자른 뒤 짤주머니를 이용해 케이크 위에 초콜릿 무스를 짜준다. 초콜릿을 사각형으로 얇게 잘라 장식한다. 대추 퓌레는 케이크 밑에 장식용으로 짜주기도 하고 케이크 사이에 샌드 크림으로 사용하기도 한다. 초콜릿 무스와 코코아 닙 캔디를 접시에 얹는다. 잣 퓌레로 장식한다. 잔에 그라나타를 넣어서 서빙한다.

# Roasted Vanilla Pineapple, Caramelized Puff Pastry, White Chocolate Truffle Cream, Mango Malibu Coulis, Popcorn

바닐라 향이 어우러진 파인애플과 망고, 말리부 쿨리 그리고 팝콘

### Roasted Vaniila Pineapple
**바닐라 향이 어우러진 파인애플**

**파인애플 1조각**
**바닐라빈 1개**
**설탕 250g**

파인애플을 손질한 뒤 1×1cm 크기의 정사각형 모양으로 자른다. 팬에 설탕을 넣고 녹여 캐러멜을 만든 후 정사각형 모양의 파인애플을 넣는다. 바닐라빈을 넣어주고 약한 불에서 오랫동안 뭉근히 졸인다. 파인애플즙이 다 졸아서 끈적해지면 불에서 내려 트레이에 펼쳐서 식힌다.

### Caramelized Puff Pastry
**파이 스틱**

**파이지(p.197 참조)**
**분당**

파이지를 4mm 두께로 밀어둔 뒤 분당을 뿌려둔다. 냉동시킨 뒤 13×3cm 크기로 자른다. 200도의 오븐에서 분당이 다 녹아내릴 때까지 12분간 굽는다.

### Mango Malibu Coulis
**망고 말리부 쿨리**

**망고 퓌레 100g**
**말리부 럼 20g**
**잔탄검 0.1g**
**설탕 10g**

망고 퓌레와 말리부 럼을 섞는다. 여기 잔탄검과 설탕을 넣고 끈적해질 때까지 핸드 블렌더로 잘 섞어준다. 고운체에 거른다.

### Etc
**팝콘(p.195 참조)**
**화이트 초콜릿 송로버섯 크림**
**(p.220 참조)**
**민트잎 3장**

### 플레이팅

사각형 틀을 사용해 50g의 파인애플을 접시 위에 담는다. 짤주머니를 이용해 화이트 초콜릿 송로버섯 크림을 파인애플 위에 짠 뒤 파이 스틱을 얹는다. 망고 말리부 쿨리를 접시 위에 뿌린다. 팝콘과 민트잎으로 장식한다.

# CHERRY JELLY, SOFT MILK CHOCOLATE GANACHE, CHOCOLATE SABLE, CANDIED CHERRIES, APRICOT FLUID GEL, PISTACHIO

**밀크 초콜릿과 피스타치오 체리 유자 글레이즈, 살구 플루이드 겔, 체리 젤리**

## CHERRY JELLY
**체리 젤리**

체리 퓌레 480g
한천 6g
젤라틴 5g
물 120g

냄비에 체리 퓌레와 물, 한천을 넣고 자주 저어가며 끓인다. 끓기 시작하면 불을 줄이고 2분간 더 조리한다. 불에서 내린 뒤 물에 불린 젤라틴을 넣어 녹인다. 트레이에 부은 뒤 젤리가 충분히 굳으면 17×0.75cm 크기로 잘라서 보관한다.

## APRICOT FLUID GEL
**살구 플루이드 겔**

살구 퓌레 480g
한천 6g
젤라틴 5g
물 120ml

살구 퓌레, 물, 한천을 냄비에 넣고 끓이면서 가끔씩 저어준다. 끓기 시작하면 불을 줄이고 2분 더 조리한다. 불에서 내린 뒤 물에 불린 젤라틴을 넣고 잘 녹도록 섞어준 다음 식혀서 굳힌다. 내용물이 굳어지면 믹서기에 넣고 간 다음 고운체에 걸러서 보관한다

## CANDIED CHERRIES
**설탕에 절인 체리**

냉동 체리 480g
바닐라빈 1개
물 100ml
설탕 100g

설탕과 물을 가열해서 시럽을 만든다. 체리를 설탕 시럽에 넣고 약불에서 뭉근히 졸인다. 바닐라빈을 넣어 향을 더한다.

## CHOCOLATE SABLE
**초콜릿 사블레 50g**

다크 초콜릿 144g
중력분 192g
코코아가루 60g
계란 노른자 32g
베이킹소다 2g
버터 265g
소금 3g
설탕 310g

초콜릿을 푸드 프로세서에 넣고 간다. 중력분, 코코아가루, 베이킹소다, 소금을 체에 쳐서 골고루 섞어준다. 여기에 설탕과 버터를 섞어 소보로를 만든다. 절대 거품을 내지 않도록 주의한다. 계란 노른자를 넣고 섞어 반죽을 만든다. 냉장고에서 1시간 동안 휴지시킨 다음 작은 조각으로 잘라서 트레이에 늘어놓은 뒤 10분간 냉동시킨다. 170도로 예열된 오븐에서 10분간 구워 식힌 뒤 부수어 가루로 만든다.

### Pistachio
**피스타치오** 50g

피스타치오는 푸드 프로세서에 갈
아둔다.


### Etc
**초콜릿(사각형) 10g**
**초콜릿 가나슈(p.189 참조)**


**플레이팅**

체리 젤리를 접시에 놓는다. 초콜릿
가나슈를 짤주머니를 이용해 젤리
주변에 4번에 걸쳐 짜놓는다. 초콜
릿 사블레와 피스타치오를 젤리 주
변에 담아둔다. 설탕에 절인 체리 2
개를 놓는다. 살구 플루이드 겔을 군
데군데 짜준다. 사각형으로 잘라둔
초콜릿으로 마무리 장식을 한다.

## 바슈랭과 얼그레이 아이스크림, 딸기 쿨리와 딸기 크림 그리고 계절 과일

### VACHERIN MERINGUE DOMES
#### 바슈랭 머랭 돔

**계란 흰자 50g**
**설탕 100g**

깨끗하고 물기 없는 믹싱볼을 준비한다. 거품기를 이용해 계란 흰자의 거품을 낸다. 절반 정도 거품이 올라오면 50g의 설탕을 천천히 부어준다. 계속 거품을 내며 나머지 설탕도 천천히 넣는다. 윤기 있고 단단한 머랭이 나올 때까지 계속 거품을 내준다. 반원 모양의 틀에 얇게 펴바른 뒤 80도의 오븐에서 완전히 말린다.

### EARL GREY ICE CREAM
#### 얼그레이 아이스크림

**바닐라빈 0.5개**
**계란 노른자 120g**
**얼그레이티 15ml**
**요리용 크림 320ml**
**우유 375ml**
**설탕ᴬ 150g**
**설탕ᴮ 75g**

우유와 바닐라빈, 설탕ᴬ을 냄비에 넣고 90도로 끓여 불에서 내린 뒤 얼그레이 티를 넣고 10분간 우려낸다. 설탕ᴮ과 계란 노른자를 거품기로 저어준 뒤 앞의 재료와 함께 섞어 잘 저어가며 다시 가열한다. 83도가 되면 불에서 내려 체에 거른다. 식으면 크림을 붓고 하룻밤 냉장보관한다. 아이스크림 머신을 사용해 준비된 크림을 얼그레이 아이스크림을 만든다. 파코젯으로 믹싱해서 하루 동안 냉동고에서 얼린 후 사용한다.

### STRAWBERRY CHANTILLY
#### 딸기 샨틸리

**생크림 125g**
**딸기 퓌레 50g**
**분당 8g**

생크림을 거품기로 저어 단단해질 때까지 거품을 낸다. 딸기 퓌레와 분당을 넣고 골고루 섞어준다.

### STRAWBERRY COULIS
#### 딸기 쿨리

**딸기 퓌레 500g**
**설탕 50g**
**잔탄검 0.55g**

핸드 블렌더로 딸기 퓌레와 설탕, 잔탄검을 넣고 끈적해질 때까지 잘 섞어 체에 거른 뒤 보관한다.

### FRESH FRUITS IN SEASON
#### 계절 과일

손질하여 잘게 자른다.

### ETC
**민트잎 3장**

#### 플레이팅

접시에 계절 과일을 담는다. 반원 모양의 머랭 돔을 딸기 크림에 담근 뒤 뒤집어서 과일 위에 얹는다. 머랭 돔 안에 아이스크림을 담는다. 또 하나의 반원 모양의 머랭 돔을 딸기 크림에 담근 뒤 둥근 면이 위로 가도록 아이스크림 위에 담는다. 민트잎으로 장식하고 딸기 쿨리를 사용하여 마무리한다.

Patbingsu, Vanilla Tteok, Strawberry Jelly,
Milk Granita, Roasted Peanut Puree,
Roasted Peanuts, Fresh Fruits
팥빙수, 바닐라 떡, 딸기 젤리, 우유 그라니타, 구운 땅콩 퓌레, 그리고 계절 과일

### Vanilla Tteok
바닐라 떡

찹쌀가루 280g
쌀가루 120g
전분 400g
바닐라빈 1개
계란 흰자 60g
뜨거운 물 140ml
바닐라 에센스 5g
물엿 40g
설탕 200g
소금 6g

찹쌀가루와 쌀가루를 체에 내려 섞은 뒤 뜨거운 물을 부어준다. 바닐라 빈을 넣고 훅을 이용해 떡 반죽을 만든다. 반죽이 완성되면 원통형으로 만 다음, 반죽을 사각형 모양으로 잘라 납작하게 만든다. 끓는 물에 넣은 뒤 떠오를 때까지 익힌다. 익힌 떡 반죽을 다시 믹싱볼에 넣고 훅을 이용해 다시 반죽한다.
믹싱볼에 계란 흰자, 설탕, 소금, 물엿과 바닐라 에센스를 넣고 섞는다. 떡 반죽에 위의 재료를 넣고 반죽을 마무리한다.
얇은 천 위에 전분을 뿌린 뒤 완성된 떡 반죽을 올려놓고 식힌다. 반죽이 식으면 2cm 두께로 넓게 편 뒤 얼린다. 얼린 떡을 2×2cm크기의 정사각형으로 잘라둔다.

### Strawberry Jelly
딸기 젤리

딸기 퓌레 150g
젤라틴 4g
물 50ml
꿀 50g

꿀과 물을 섞어 끓인 뒤 물에 불린 젤라틴을 넣는다. 딸기 퓌레를 섞어 트레이에 부은 뒤 5mm 두께로 펴 발라 젤리를 만든다. 젤리를 실온에서 한 시간 정도 식힌 뒤 냉동실에 하루 동안 굳힌다. 둥근 모양 칼을 사용해 여러가지 크기로 자른다.

### Milk Granita
우유 그라니타

우유 50ml
물 150ml
황설탕 20g

물을 끓인 뒤 설탕을 섞는다. 불에서 내려 우유를 섞은 다음 식혀서 사각 팬에 넣고 냉동시킨다. 20분마다 표면을 긁어주면서 그라니타를 완성시킨다.

### Roasted Peanut
땅콩 5개

180도의 오븐에서 10분간 굽는다.

### Fresh Fruits
계절 과일

깨끗하게 손질하여 잘게 자른다.

### Etc
구운 땅콩 퓌레 5g(p. 189 참조)
팥 50g(p. 194 참조)
민트잎 3장

### 플레이팅

접시에 딸기 젤리를 놓는다. 딸기 젤리 위에 팥을 럭비공 모양으로 떠서 놓고 바닐라 떡을 그 옆에 놓는다. 계절 과일을 놓은 후 접시에 땅콩 퓌레를 짜놓고 구운 땅콩과 민트잎으로 장식한다. 컵에 우유 그라니타를 담아낸다.

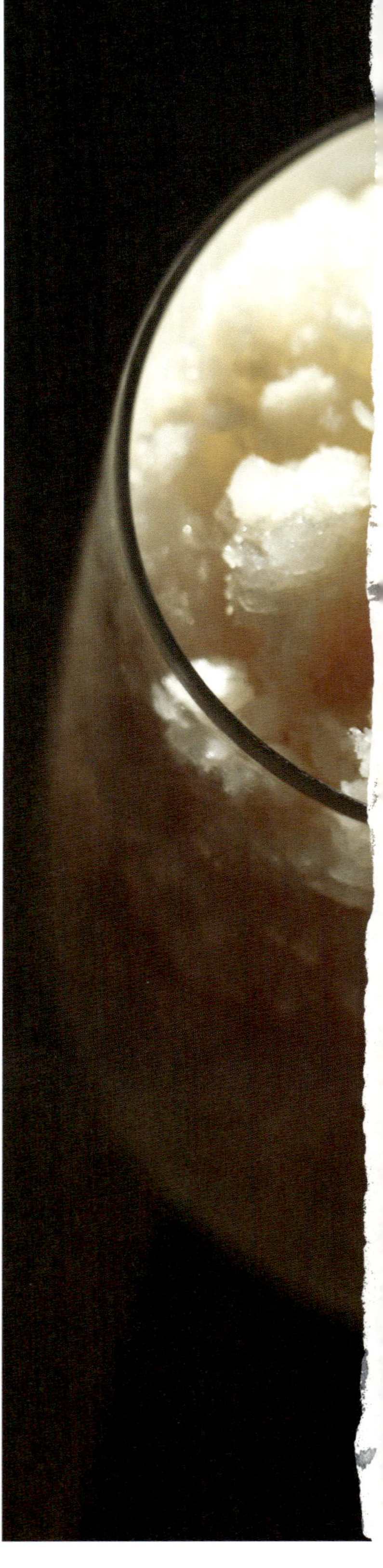

## 우리는 셰프다

요리는 셰프의 아이디어다.
새로운 아이디어를 위한 노력은 셰프의 의무이자 책임이다.
난 무無에서 유有를 만들어 내는 창조자가 아닌
나만의 색깔이 입혀진 음식을 만들어내는,
변화를 이루고 변혁을 이루는 셰프이고 싶다.

셰프에게 가장 무서운 것은 매너리즘이다.
변화하지 않는 셰프는 존재할 가치가 없다.
그것이 사람들이 우리를 셰프라고 부르는 이유다.

| 에드워드 권 |

'세계유일의 7성급 호텔'로 불리는 두바이 버즈 알 아랍의 수석총괄조리장(Hotel Head Chef)을 그만두고 2009년 한국으로 돌아와 현재 프리미엄 비스트로 랩24(www.Labxxiv.com), 캘리포니아 멀티 퀴진 더 믹스드원(www.themixedone.com) 총괄 셰프로 근무중이다. 리츠칼튼 샌프란시스코 수석조리장, 중국 셰라톤 그랜드 텐진 호텔 총조리장, 두바이 페어몬트 호텔 수석총괄조리장, 두바이 버즈 알 아랍 수석총괄조리장을 역임했다. 저서로는 『일곱 개의 별을 요리하다』 『에드워드 권 에디스 카페』가 있다.

홈페이지 www.ekrestaurants.com　블로그 http://blog.naver.com/ekfoodglobal


# 에드워드 권 인 더 키친

ⓒ 에드워드 권 2011


| | |
|---|---|
| 1판1쇄 | 2011년 7월 20일 |
| 1판3쇄 | 2015년 10월 12일 |

| | |
|---|---|
| 지은이 | 에드워드 권 |
| 펴낸이 | 김정순 |
| 기획 | 김소영 |
| 사진 | 이과용 leekw28@hanmail.net |
| 책임편집 | 김소영 이은정 |
| 디자인 | 김리영 |
| 마케팅 | 김보미 임정진 전선경 |

| | |
|---|---|
| 펴낸곳 | (주)북하우스 퍼블리셔스 |
| 출판등록 | 1997년 9월 23일 제406-2003-055호 |
| 주소 | 04043 서울시 마포구 양화로 12길 16-9(서교동 북앤드빌딩) |
| 전자우편 | editor@bookhouse.co.kr |
| 홈페이지 | www.bookhouse.co.kr |
| 전화번호 | 02-3144-3123 |
| 팩스 | 02-3144-3121 |

ISBN　978-89-5605-536-7　13590

이 도서의 국립중앙도서관 출판시도서목록(CIP)는
e-CIP홈페이지(http://www.nl.go.kr/ecip/default.php)에서 이용하실 수 있습니다. (CIP제어번호:CIP2011002751)

● 에드워드 권은 이 책의 저자 인세 전액을, 북하우스 출판사는 수익금의 일부를 '저소득 가정 청소년들의 요리교실' 지원을 위해 해피빈에 기부하고 있습니다.